ABHANDLUNGEN DER DEUTSCHEN AKADEMIE DER WISSENSCHAFTEN ZU BERLIN

Klasse für Mathematik, Physik und Technik
Jahrgang 1955 Nr. 2

JOHANNES PICHT

ZUR THEORIE DER TOTALREFLEXION

1956

AKADEMIE-VERLAG · BERLIN

Vorgelegt in der Gesamtsitzung vom 1. September 1955
Zum Druck genehmigt am gleichen Tage, ausgegeben am 30. Juni 1956

Vom Verfasser auszugsweise vorgetragen auf der
55. Tagung der Deutschen Gesellschaft für angewandte Optik
am 10. 6. 1954 in Göttingen
sowie auf dem
Florence Meeting on Problems in Contemporary Optics
am 13. 9. 1954 in Arcetri bei Florenz

Erschienen im Akademie-Verlag GmbH., Berlin W 8, Mohrenstraße 39
Lizenz-Nr. 202 · 100/250/56
Gedruckt im VEB Leipziger Druckhaus, Leipzig (III/18/203)
Bestell- und Verlagsnummer: 2001/55/I/2
Preis: DM 9,—
Printed in Germany

Inhaltsverzeichnis

Inhaltsübersicht

Nach den vom Verfasser 1925 mitgeteilten beugungstheoretischen Integraldarstellungen beliebig deformierter Wellen und den 1926 mitgeteilten Anwendungen jener Formeln auf Spiegelung und Berechnung beliebiger Wellen an ebenen Grenzflächen ergibt sich bei der Totalreflexion die Integraldarstellung der totalreflektierten Welle, die — wie 1934 mitgeteilt — aufgespalten werden kann in eine ohne (1) *bzw.* mit (2) Phasensprung „ideal" reflektierte, vom idealen Bildpunkt herkommende Kugelwelle und eine *deformiert* reflektierte Zusatzwelle 1. *bzw.* 2. Art, die sich der ideal reflektierten Welle überlagert, mit ihr interferiert und so die (gleichfalls *deformierte*) „totalreflektierte" *Gesamtwelle* liefert. Aus der beugungstheoretischen Darstellung lassen sich strahlengeometrische Folgerungen ziehen: Denn aus der im Integralausdruck auftretenden „Gestaltsfunktion" ergibt sich die Schar der Wellenflächen und durch deren Normalen der „Strahlverlauf". Außerdem ergibt sich die richtungsabhängige Intensitätsverteilung in der Gesamtwelle bzw. den Zusatzwellen. — Liegt der strahlende Dipol *senkrecht* zur Trennebene beider Medien ($\mathfrak{Z} = \mathfrak{Z}_z$), so ist die *total*reflektierte Welle durch $\mathfrak{Z}^* = \mathfrak{Z}_z^*$ darstellbar und besitzt *sphärische Aberration*, Strahlversetzung *in* der Einfallsebene der betreffenden Strahlen und eine (scheinbare) Eindringtiefe, die formelmäßig angegeben werden. Für die erwähnten Zusatzwellen sind die entsprechenden Größen halb so groß. Für *parallel* zur Trennebene schwingenden Dipol ($\mathfrak{Z} = \mathfrak{Z}_y$) ist $\mathfrak{Z}^* = \mathfrak{Z}_y^* + \mathfrak{Z}_z^*$. Das zu $\mathfrak{Z}_y^*$ gehörige Strahlenbündel besitzt *Astigmatismus*. Die zugehörigen Strahlen besitzen nicht nur eine Strahlversetzung *in*, sondern auch *senkrecht* zu ihrer Einfallsebene (Parallelverschiebung), so daß hier einfallender Strahl, Einfallslot und reflektierter Strahl *nicht mehr* in einer Ebene liegen — sofern man überhaupt davon reden darf, daß der reflektierte Strahl dem unter gleichem Einfalls- und Azimutwinkel einfallenden Strahl optisch zuzuordnen, also seine „Fortsetzung" ist. Für das zu $\mathfrak{Z}_z^*$ gehörige Strahlenbündel ergibt sich dagegen — wie bei senkrecht zur Trennungsebene schwingendem Dipol $\mathfrak{Z}_z$ — wieder sphärische Aberration und (demnach) Strahlversetzung in der Einfallsebene. — Entsprechende Ergebnisse wie für den Hertzschen Vektor $\mathfrak{Z}$ ergeben sich auch mit Bezug auf $\mathfrak{E}$ und $\mathfrak{H}$, was eine experimentelle Nachprüfung der hier nur theoretisch gefundenen Ergebnisse erleichtert bzw. erst ermöglichen wird.

Einleitung

Die Totalreflexion gehört zu jenen Fragen der Physik, über die bereits eine sehr große Zahl von Arbeiten — auch aus früherer Zeit — vorliegt. Durch die Deutungsversuche seismischer Erfahrungstatsachen durch Herrn O. v. Schmidt sowie neuerdings insbesondere durch die sehr schönen experimentellen Untersuchungen der Herren Goos und Hähnchen hat das Problem erneut starke Beachtung gefunden und eine größere Zahl theoretischer Arbeiten veranlaßt.

Von den älteren theoretischen Arbeiten[1] sei auf die Arbeiten von Herrn A. Eichenwald[2] verwiesen, die — ebenso wie manche anderen einschlägigen Arbeiten — inzwischen vergessen zu sein scheinen, so daß in verschiedenen der neueren Arbeiten die früher bereits erhaltenen Ergebnisse erneut abgeleitet werden.

Auf Anregung durch Herrn v. Laue hatte ich mich 1929 mit der Frage der Energieströmung bei der Totalreflexion eines Strahlenbündels endlicher Öffnung beschäftigt[3]), wobei ich als einfallende Welle speziell eine Zylinderwelle sowie — als Grenzfall dieser — eine ebene Welle zugrunde legte. Ich hatte in der Arbeit gezeigt, daß und wie bzw. an welchen Stellen auch im zeitlichen Mittel ein Energieübertritt vom 1. ins 2. Medium stattfindet und daß diese Energie an *anderen* Stellen wieder ins 1. Medium zurückflutet.

[1]) Wegen der älteren experimentellen Arbeiten sei u. a. auf den § 7 des Art.: „Die Spiegelung und Brechung des Lichtes an der Grenze zweier isotroper Medien" von Herrn v. Laue im Handbuch der Experim. Phys. **18**, 150f. verwiesen.

[2]) A. Eichenwald: Ann. d. Moskauer Kaiserl. Ingenieur-Hochschule, S. 15, April 1908; J. Russ.-Chem. Ges. **41** (physik. Teil) (1909), 131; Ann. Phys. **35** (1911), 1037. Heinrich Weber-Festschrift S. 37 (Teubner 1912).

[3]) J. Picht: Ann. Phys. (5) **3** (1929), 433; Phys. Z. **30** (1929), 905.

Die Ergebnisse dieser Untersuchungen wurden theoretisch 1931 durch Herrn F. NOETHER[4]) bestätigt, indem er — zur Vereinfachung des mathematischen Aufwandes — die Vielzahl ebener Wellen (verschiedener Richtung, verschiedener Amplitude, verschiedener Phase und im allgemeinsten Falle verschiedenen Polarisationszustandes), die sich bei der wellenoptischen Darstellung eines beliebigen Strahlenbündels, einer beliebigen, irgendwie deformierten Welle, als erforderlich erweisen, durch nur zwei in ihrer Richtung wenig verschiedene ebene Wellen ersetzte, was dem heute als ,,WOLTERsche Strahldefinition" bezeichneten Verfahren entspricht oder doch zum mindesten sehr ähnelt. Hiermit konnte Herr F. NOETHER bereits einige der von mir gefundenen Eigenschaften der Energieströmung bei der Totalreflexion bestätigen, während sich weitere der von mir gefolgerten Eigenschaften ergaben, wenn er an Stelle von zwei ebenen Wellen drei derartige Wellen etwas verschiedener Richtung den Ableitungen zugrunde legte.

In meiner S. 5 genannten Arbeit[3]) ging ich aus von der von mir 1925 abgeleiteten Integraldarstellung einer beliebig deformierten räumlichen oder zweidimensionalen Welle endlicher Öffnung[5]). Hier wurde in Erweiterung des von Herrn P. DEBYE[6]) für die Darstellung von Kugelwellen benutzten Verfahrens gezeigt, daß sich jedes beliebige Strahlenbündel endlicher Öffnung, jede mehrdimensionale Welle mit beliebig deformierter Wellenfläche, darstellen läßt durch den Ausdruck — bzw. durch drei Ausdrücke der Form —

$$u_P = \frac{ik}{2\pi} \iint \psi(v, w)\, e^{-ik((\mathfrak{P} - \mathfrak{W}(v, w)),\ \mathfrak{N}(v, w))}\, d\Omega \tag{1}$$

Dabei ist u eine Komponente des zugehörigen HERTZschen Vektors, u_P sein Wert im Aufpunkt P, dessen Lage durch den Vektor $\mathfrak{P}$ gegeben ist. $\mathfrak{W} = \mathfrak{W}(v, w)$ ist die Gleichung einer der Wellenflächen des Strahlenbündels, die keine Umkehrpunkte besitzt, also genügend weit von der Kaustikfläche entfernt ist, und die wir als ,,Kennfläche" bezeichnen. $v = \text{const}$ und $w = \text{const}$ sind zwei Scharen von Parameterlinien auf der Wellenfläche, z. B. die Krümmungslinien der Wellenfläche, die durch ihre Schnittpunkte die einzelnen Punkte der Wellenfläche koordinatenmäßig festlegen. $\mathfrak{N}(v, w)$ ist der Einheitsvektor in Richtung der Normalen der Wellenfläche im Punkte (v, w). Die Funktion $\psi(v, w)$ ist der ,,Belegungsfaktor", der die Lichtverteilung innerhalb des Strahlenbündels in Abhängigkeit von der Richtung angibt, also eine von der Richtung des geometrisch-optischen Lichtstrahls abhängige Funktion, die durch ihr Quadrat die Intensitätsverteilung auf einer vom Gebiet der Kaustikflächen genügend weit entfernten Wellenfläche angibt.[7]) $d\Omega$ ist das Differential des räumlichen Öffnungswinkels, auszudrücken durch die speziell gewählten — im allgemeinen krummlinigen — Koordinaten v, w auf der ,,Kennfläche", und zwar ist

$$d\Omega = K(v, w)\, d\sigma = \sqrt{\left[\frac{\partial \mathfrak{N}}{\partial v}, \frac{\partial \mathfrak{N}}{\partial w}\right]^2}\, dv\, dw,$$

[4]) F. NOETHER: Ann. Phys. (5) 11 (1931), 141. Dort wird übrigens noch auf eine Arbeit von E. FUNK (Diss. TH Zürich, 1921) verwiesen, in der gleichfalls das Problem der Totalreflexion behandelt wird.

[5]) J. PICHT: Ann. Phys. (4) 77 (1925), 685 (785) und Diss. Berlin 1925; siehe auch J. PICHT: Optische Abbildung, Einführung in Wellen- und Beugungstheorie optischer Systeme, § 44f. Vieweg u. Sohn, Braunschweig 1931.

[6]) P. DEBYE: Ann. Phys. (4) 30 (1909) 755.

[7]) Im allgemeineren Fall, z. B. bei absorbierenden Medien, wird ψ außer von der Richtung, also von $\mathfrak{N}(v, w)$, auch von dem längs $\mathfrak{N}(v, w)$ gemessenen Abstand der Projektion des Aufpunktes auf $\mathfrak{N} = \mathfrak{N}(v, w)$ von der Kennfläche oder von einer anderen festen Fläche (z. B. Grenzfläche des Mediums, durch die die Welle in das Medium eintritt) in bestimmter Weise $\left[e^{-\frac{\omega}{c} n \varkappa((\mathfrak{P} - \mathfrak{P}_0(v, w)),\ \mathfrak{N}(v, w))}\right]$ abhängen, so daß jede der ,,gedämpften" ebenen Wellen einzeln und dementsprechend auch u_P selbst der Wellengleichung $\Delta u + \frac{n^2 \omega^2}{c^2}(1 - i\varkappa)^2 u = 0$ genügt (s. Anmerkung [8]) [S. 7]).

worin $K(v, w)$ das GAUSSsche Krümmungsmaß, $d\sigma$ das Flächenelement der Kennfläche im Punkte (v, w) bezeichnet.

Die Integration ist zu erstrecken über die ganze durch die „Blende“ bedingte „Öffnung“ des Strahlenbündels, also über alle im Strahlenbündel auftretenden „Strahlrichtungen“. Welche der Wellenflächen zur „Kennfläche“ gewählt wird, ist für die Integraldarstellung der deformierten Welle gleichgültig. Die verschiedenen Integralausdrücke bei Wahl verschiedener Wellenflächen als Kennflächen unterscheiden sich nur um einen den Abstand der verschiedenen, als Kennflächen gewählten Wellenflächen angebenden Phasenfaktor.

Sind die Strahlrichtungen etwa durch die Richtungswinkel ϑ, φ mit z. B. $0 \leqq \vartheta \leqq \Theta$ und $0 \leqq \varphi \leqq 2\pi$ gegeben, so lautet die Darstellung

$$(2) \qquad u_P = \frac{ik}{2\pi} \int_0^{\Theta} \int_0^{2\pi} \psi(\vartheta, \varphi)\, e^{-ik[x_P \cos\vartheta + y_P \sin\vartheta \cos\varphi + z_P \sin\vartheta \sin\varphi - f(\vartheta, \varphi)]} \sin\vartheta \, d\vartheta \, d\varphi$$

wo

$$(3) \qquad f(\vartheta, \varphi) = \xi \cos\vartheta + \eta \sin\vartheta \cos\varphi + \zeta \sin\vartheta \sin\varphi$$

und

$$(4) \qquad \xi = \xi(\vartheta, \varphi), \qquad \eta = \eta(\vartheta, \varphi), \qquad \zeta = \zeta(\vartheta, \varphi)$$

die Koordinaten der als Kennfläche gewählten Wellenfläche in Abhängigkeit von ϑ und φ sind. Dabei ist $f(\vartheta, \varphi)$ die sogenannte Gestaltsfunktion, da sie außer von der Richtung der Lichtstrahlen (als Parameter) allein von der Gestalt *der Wellenfläche* abhängt und umgekehrt die Wellenflächen durch die Funktion f eindeutig bestimmt werden.

Sind die Lichtstrahlen durch die Richtungskosinus mit Bezug auf die kartesischen Koordinaten x, y, z durch $\cos\alpha$, $\cos\beta$, $\cos\gamma$ bestimmt, so lautet die Integraldarstellung der Welle

$$(5) \qquad u_P = \frac{ik}{2\pi} \int\int \psi(\cos\beta, \cos\gamma)\, e^{-ik[x_P \cos\alpha + y_P \cos\beta + z_P \cos\gamma - f(\cos\beta, \cos\gamma)]} \frac{d\cos\beta \, d\cos\gamma}{\cos\alpha}$$

mit

$$(6) \qquad f(\cos\beta, \cos\gamma) = \xi \cos\alpha + \eta \cos\beta + \zeta \cos\gamma \quad \text{mit} \quad \cos\alpha = \sqrt{1 - \cos^2\beta - \cos^2\gamma},$$

wenn

$$(7) \qquad \xi = \xi(\cos\beta, \cos\gamma), \qquad \eta = \eta(\cos\beta, \cos\gamma), \qquad \zeta = \zeta(\cos\beta, \cos\gamma)$$

wieder die Gleichungen der als Kennfläche gewählten Wellenfläche sind.[8])

Ist umgekehrt eine derartige Integraldarstellung gegeben, so kann sie — was für die folgende Untersuchung besonders wichtig ist — als beugungstheoretische Darstellung eines Strahlenbündels, einer deformierten Welle aufgefaßt werden, deren Wellenflächen aus der

---

[8]) Von E. T. WHITTAKER war — wie mir erst 1925 nach Fertigstellung der Dissertation bekannt wurde — bereits 1903 in Math. Ann. 57 (1903), 33 gezeigt, daß

$$\int\int \chi(v, w)\, e^{-ik[x_P \cos\alpha(v, w) + y_P \cos\beta(v, w) + z_P \cos\gamma(v, w)]}\, dv\, dw$$

mit $\cos^2\alpha + \cos^2\beta + \cos^2\gamma = 1$ die allgemeinste Lösung der Wellengleichung darstellt. Auf den Zusammenhang mit der beugungstheoretischen Darstellung eines gegebenen Strahlenbündels und der Zuordnung der Funktion $\chi(v, w)$ zur Form der Wellenfläche und zur Intensitätsverteilung auf dieser ist Herr WHITTAKER indessen nicht näher eingegangen. [Das $\chi(v, w)$ bei WHITTAKER würde also unserem

$$\psi(v, w)\, e^{+ik(\mathfrak{W}(v, w), \mathfrak{N}(v, w))} \sqrt{\left[\frac{\partial \mathfrak{N}}{\partial v}, \frac{\partial \mathfrak{N}}{\partial w}\right]}$$

bzw.

$$\psi(v, w)\, e^{+ik(\mathfrak{W}(v, w), \mathfrak{N}(v, w))}\, e^{-\frac{n\omega}{c} \varkappa(\mathfrak{P} - \mathfrak{P}_0(v, w), \mathfrak{N}(v, w))} \sqrt{\left[\frac{\partial \mathfrak{N}}{\partial v}, \frac{\partial \mathfrak{N}}{\partial w}\right]}$$

entsprechen.]

Gestaltsfunktion $f(\cos\beta, \cos\gamma)$, bzw. $f(\vartheta, \varphi)$ eindeutig bestimmt werden können, wie ich 1925 in meiner Dissertation[5]) gezeigt habe. Die Gleichungen der Wellenflächen ergeben sich in einfacher Weise zu

$$\xi = \xi(\cos\beta, \cos\gamma) = \cos\alpha\left[f(\cos\beta, \cos\gamma) - \cos\beta\frac{\partial f(\cos\beta, \cos\gamma)}{\partial\cos\beta} - \cos\gamma\frac{\partial f(\cos\beta, \cos\gamma)}{\partial\cos\gamma} + \text{const}\right]$$

$$\eta = \eta(\cos\beta, \cos\gamma)$$

$$= \cos\beta\left[f(\cos\beta, \cos\gamma) - \left(\cos\beta - \frac{1}{\cos\beta}\right)\frac{\partial f(\cos\beta, \cos\gamma)}{\partial\cos\beta} - \cos\gamma\frac{\partial f(\cos\beta, \cos\gamma)}{\partial\cos\gamma} + \text{const}\right]$$

$$(8) \qquad = \frac{\cos\beta}{\cos\alpha}\xi(\cos\beta, \cos\gamma) + \frac{\partial f(\cos\beta, \cos\gamma)}{\partial\cos\beta}$$

$$\zeta = \zeta(\cos\beta, \cos\gamma)$$

$$= \cos\gamma\left[f(\cos\beta, \cos\gamma) - \cos\beta\frac{\partial f(\cos\beta, \cos\gamma)}{\partial\cos\beta} - \left(\cos\gamma - \frac{1}{\cos\gamma}\right)\frac{\partial f(\cos\beta, \cos\gamma)}{\partial\cos\gamma} + \text{const}\right]$$

$$= \frac{\cos\gamma}{\cos\alpha}\xi(\cos\beta, \cos\gamma + \frac{\partial f(\cos\beta, \cos\gamma)}{\partial\cos\gamma}$$

bzw.

$$\xi = \xi(\vartheta, \varphi) = \cos\vartheta\, f(\vartheta, \varphi) - \sin\vartheta\frac{\partial f(\vartheta, \varphi)}{\partial\vartheta} + \text{const}\cdot\cos\vartheta$$

$$(9) \quad \eta = \eta(\vartheta, \varphi) = \sin\vartheta\cos\varphi\, f(\vartheta, \varphi) + \cos\vartheta\cos\varphi\frac{\partial f(\vartheta, \varphi)}{\partial\vartheta} - \frac{\sin\varphi}{\sin\vartheta}\frac{\partial f(\vartheta, \varphi)}{\partial\varphi} + \text{const}\cdot\sin\vartheta\cos\varphi.$$

$$\zeta = \zeta(\vartheta, \varphi) = \sin\vartheta\sin\varphi\, f(\vartheta, \varphi) + \cos\vartheta\sin\varphi\frac{\partial f(\vartheta, \varphi)}{\partial\vartheta} + \frac{\cos\varphi}{\sin\vartheta}\frac{\partial f(\vartheta, \varphi)}{\partial\varphi} + \text{const}\cdot\sin\vartheta\sin\varphi$$

Unter Benutzung der Ergebnisse meiner Annalenarbeit[3]) habe ich 1926 Formeln für die Spiegelung und Brechung eines beliebigen optischen Strahlenbündels endlicher Öffnung an der ebenen Trennungsfläche zweier Medien abgeleitet[9]), die sowohl für eine aus dem optisch dichteren als auch für eine aus dem optisch dünneren Medium einfallende beliebig deformierte Welle gelten. Hierbei wurde als einfallende Welle die sich aus der z-Komponente des HERTZschen Vektors ergebende Welle zugrunde gelegt. Es wurde also ein zur z-Achse paralleler Dipol als Strahlenquelle vorausgesetzt. Als Grenzfläche beider Medien wurde die yz-Ebene gewählt, während die zur Grenzfläche senkrechte x-Achse vom ersten zum zweiten Medium hin gerichtet war. Dabei war $\mathfrak{Z}_z$ gegeben durch

$$(10) \qquad \mathfrak{Z}_z = \frac{1}{k^2}\iint\psi(\cos\beta, \cos\gamma)\, e^{-ik[x_P\cos\alpha + y_P\cos\beta + z_P\cos\gamma - f(\cos\beta, \cos\gamma)]}\, d\Omega$$

mit

$$d\Omega = \frac{1}{\cos\alpha}\, d\cos\beta\, d\cos\gamma$$

Für eine vom Punkte

$$\xi_0 = +a\cos\vartheta$$

$$\eta_0 = +a\sin\vartheta\cos\varphi$$

$$\zeta_0 = +a\sin\vartheta\sin\varphi$$

ausgehende Kugelwelle hat die in (10) auftretende Gestaltsfunktion $f(\cos\beta, \cos\gamma)$ die Form

$$f(\cos\beta, \cos\gamma) = +a(\cos\alpha\cos\vartheta + \cos\beta\sin\vartheta\cos\varphi + \cos\gamma\sin\vartheta\sin\varphi)$$

mit

$$\cos\alpha = \underset{+}{\sqrt{1 - \cos^2\beta - \cos^2\gamma}}$$

---

[9]) J. PICHT: Z. Phys. **39** (1926), 933. — Siehe auch § 51 des in Anm. [5]) genannten Buches des Verfassers. [Dort fehlt aber in den — (11 a) [S. 9] entsprechenden — Formeln (51; 12) der Faktor $\frac{1}{\cos\alpha'}\sqrt{1 - N^2\sin^2\alpha'}$.]

Es ergibt sich für die der einfallenden Welle entsprechende Welle im zweiten Medium, daß sie sich darstellen läßt durch einen HERTZschen Vektor $\mathfrak{Z}'$, der abweichend von dem Vektor der einfallenden Welle neben der z-Komponente noch eine y-Komponente besitzt, und zwar gelten für die Komponenten von $\mathfrak{Z}'$ die Gleichungen

$$\mathfrak{Z}'_x = 0$$

$$\mathfrak{Z}'_y = \frac{1}{k'^2}\int\int \mathsf{H}' \,\psi'\, e^{-ik'[x_p\cos\alpha' + y_p\cos\beta' + z_p\cos\gamma' - f']}\,d\Omega'$$

$$\mathfrak{Z}'_z = \frac{1}{k'^2}\int\int \mathsf{Z}' \,\psi'\, e^{-ik'[x_p\cos\alpha' + y_p\cos\beta' + z_p\cos\gamma' - f']}\,d\Omega'$$

(11) $$\psi' = \psi'(\cos\beta', \cos\gamma') = \psi(N\cos\beta', N\cos\gamma')$$

$$f' = f'(\cos\beta', \cos\gamma') = \frac{1}{N} f(N\cos\beta', N\cos\gamma')$$

mit $$N = \frac{n'}{n} = \frac{\sqrt{\varepsilon'\mu'}}{\sqrt{\varepsilon\mu}} \text{ und } k' = k\,N, \text{ also } k' f' = k f.$$

Auch für die Darstellung der reflektierten Welle besitzt der zugehörige HERTZsche Vektor $\mathfrak{Z}^*$ außer einer z-Komponente eine y-Komponente, und zwar gilt für $\mathfrak{Z}^*$

$$\mathfrak{Z}^*_x = 0$$

(12) $$\mathfrak{Z}^*_y = \frac{1}{k^2}\int\int \mathsf{H}^* \,\psi^*\, e^{-ik[x_p\cos\alpha^* + y_p\cos\beta^* + z_p\cos\gamma^* - f^*]}\,d\Omega^*$$

$$\mathfrak{Z}^*_z = \frac{1}{k^2}\int\int \mathsf{Z}^* \,\psi^*\, e^{-ik[x_p\cos\alpha^* + y_p\cos\beta^* + z_p\cos\alpha^* - f^*]}\,d\Omega^*$$

mit
$$\alpha^* = \pi - \alpha$$
$$\beta^* = \beta$$
$$\gamma^* = \gamma$$
$$f^* = f^*(\cos\beta^*, \cos\gamma^*) = f(\cos\beta^*, \cos\gamma^*)$$
$$\psi^* = \psi^*(\cos\beta^*, \cos\gamma^*) = \psi(\cos\beta^*, \cos\gamma^*)$$

Hier ist besonders zu beachten, daß sich der „Belegungsfaktor“ der Wellen ändert, was durch die Multiplikation des Faktors ψ' bzw. ψ^* mit den Faktoren

(11a)
$$\mathsf{H}' = \frac{2N\cos\beta'\cos\gamma'}{\cos\alpha'(1-\cos^2\alpha')}\left(\frac{1-N^2(1-\cos^2\alpha')}{\cos\alpha' + N\sqrt{1-N^2(1-\cos^2\alpha')}} - \frac{\cos\alpha'\sqrt{1-N^2(1-\cos^2\alpha')}}{N\cos\alpha' + \sqrt{1-N^2(1-\cos^2\alpha')}}\right)$$

$$\mathsf{Z}' = \frac{2N}{\cos\alpha'(1-\cos^2\alpha')}\left(\frac{\cos^2\gamma'[1-N^2(1-\cos^2\alpha')]}{\cos\alpha' + N\sqrt{1-N^2(1-\cos^2\alpha')}} + \frac{\cos\alpha'\cos^2\beta'\sqrt{1-N^2(1-\cos^2\alpha')}}{N\cos\alpha' + \sqrt{1-N^2(1-\cos^2\alpha')}}\right)$$

für die y- bzw. z-Komponente des HERTZschen Vektors der gebrochenen Welle und

(12a)
$$\mathsf{H}^* = -\frac{\cos\beta^*\cos\gamma^*}{1-\cos^2\alpha^*}\left(\frac{N^2\cos\alpha^* + \sqrt{N^2-(1-\cos^2\alpha^*)}}{N^2\cos\alpha^* - \sqrt{N^2-(1-\cos^2\alpha^*)}} + \frac{\cos\alpha^* + \sqrt{N^2-(1-\cos^2\alpha^*)}}{\cos\alpha^* - \sqrt{N^2-(1-\cos^2\alpha^*)}}\right)$$

$$\mathsf{Z}^* = -\frac{1}{1-\cos^2\alpha^*}\left(\cos^2\gamma^*\,\frac{N^2\cos\alpha^* + \sqrt{N^2-(1-\cos^2\alpha^*)}}{N^2\cos\alpha^* - \sqrt{N^2-(1-\cos^2\alpha^*)}} - \cos^2\beta^*\,\frac{\cos\alpha^* + \sqrt{N^2-(1-\cos^2\alpha^*)}}{\cos\alpha^* - \sqrt{N^2-(1-\cos^2\alpha^*)}}\right)$$

für die y- bzw. z-Komponente der gespiegelten Welle zum Ausdruck kommt.

Nachdem Herr O. v. SCHMIDT 1934[10]) auf Grund gewisser Ergebnisse der experimentellen Seismik die Vermutung geäußert hatte, daß Wellen, die aus dem (optisch) dichteren Medium unter einem Winkel gegen die Flächennormale, der größer als der Grenzwinkel der Totalreflexion ist, auf die Trennungsfläche gegen das (optisch) dünnere Medium treffen und demnach nach dem SNELLIUSschen Brechungsgesetz nicht mehr in das dünnere Medium sollten übertreten können, an der Trennungsfläche derart reflektiert werden, daß neben der eigentlichen „totalreflektierten" Welle noch eine von ihm als „Kopfwelle" bezeichnete Flankenwelle entsteht, habe ich in unmittelbarem Anschluß an die VON SCHMIDTsche Annalenarbeit als „Nachschrift zur Arbeit des Herrn v. SCHMIDT" gezeigt[11]), daß sich bei Anwendung der 1926 von mir abgeleiteten Formeln[9]) auf den Fall der Totalreflexion tatsächlich im ersten, dem optisch dichteren Medium eine Überlagerung zweier reflektierter Wellen ergibt, von denen die eine einer wirklich *total*reflektierten Welle, die andere einer „Zusatzwelle" entspricht, die mit der bei der Totalreflexion ins zweite Medium eintretenden Welle in gewissem unmittelbaren Zusammenhang steht, von ihr sich aber doch insofern wesentlich unterscheidet, als bei der Zusatzwelle die „Dämpfung", die sich für die ins dünnere Medium eintretende Welle in Richtung senkrecht zur Grenzfläche ergibt, nicht stattfindet.

Ich hatte seinerzeit die betreffenden Formeln für die „Totalreflexion" sowie für die Zusatzwelle im ersten Medium und für die ins zweite (dünnere) Medium übertretende Welle für die beiden Fälle angegeben, daß es sich bei der einfallenden Welle um eine senkrecht zur Einfallsebene polarisierte Zylinderwelle bzw. um eine Kugelwelle handelt.

Aus den seinerzeit angegebenen Ausdrücken lassen sich nach den 1925 von mir angegebenen Formeln[5]) in einfacher Weise die Wellenflächen auch der Zusatzwelle bestimmen, so daß ich Herrn v. SCHMIDT seinerzeit vorschlug, diese Ausdrücke der Zusatzwelle mit Bezug auf die zugehörigen Wellenflächen und mit Bezug auf die Intensitätsverteilung (als Funktion der Strahlrichtung) zu diskutieren, was indessen — wohl aus zeitlichen Gründen — nicht geschehen ist.

Da die experimentellen Untersuchungen von GOOS und HÄHNCHEN[12]) sowie die Arbeit von G. LEHMANN und H. MAECKER[13]) über den quantitativen Nachweis von Grenzschichtwellen in der Optik erneut das Interesse für die Fragen der Totalreflexion geweckt haben und auch verschiedene theoretische Arbeiten, insbesondere von ARTMANN[14]), WOLTER[15]), FRAGSTEIN[16]), MAECKER[17]) sowie OTT[18]) erschienen sind, die sich mit dem Problem der Totalreflexion[19]) beschäftigen, und da dieses Problem auch für Fragen der Ultrakurzwellentechnik sowie der Seismik große Bedeutung hat, sei die seinerzeit unterbliebene Diskussion der von mir angegebenen Formeln — zum Teil unter Erweiterung auf andere Lagen des HERTZschen Vektors — nachstehend in der Art nachgeholt, wie ich sie mir seinerzeit gedacht hatte.

---

[10]) O. v. SCHMIDT: Ann. Phys. (5) **19** (1934), 891.

[11]) J. PICHT: Ann. Phys. (5) **19** (1934), 913.

[12]) F. GOOS u. H. HÄNCHEN: Ann. Phys. (6) **1** (1947), 333 und (6) **5** (1949), 251.

[13]) G. LEHMANN u. H. MAECKER: Ann. Phys. (6) **10** (1952), 161.

[14]) K. ARTMANN: Ann. Phys. (6) **2** (1948), 87; (6) **8** (1951), 270.

[15]) H. WOLTER: Z. Naturforschg. (1950) 276—286.

[16]) C. v. FRAGSTEIN: Ann. Phys. (6) **4** (1949), 271.

[17]) H. MAECKER: Ann. Phys. (6) **10** (1952), 115, 153, 161.

[18]) H. OTT: Ann. Phys. (5) **41** (1942), 443; (6) **4** (1949), 432; Z. angew. Physik **3** (1951), 123. A. E. Ü. **5** (1951), 15 u. 343.

[19]) s. a. H. ARZELIES: Ann. de Physique **1** (1946), 5; Rev. d'Optique **27** (1948), 205. Ferner G. BEAUVAIS: Thèse. Paris 1933 (E. Chiron).

Teil I

Senkrecht zur Trennungsfläche schwingender Dipol

§ 1. Formeln für die Totalreflexion einer Kugelwelle, deren Hertzscher Vektor senkrecht zur Trennungsebene (des optisch dichteren vom optisch dünneren Medium) liegt

Wir betrachten zunächst den in seiner Behandlung einfachsten Fall, daß der Hertzsche Vektor parallel der x-Achse, d. h. *senkrecht zur Trennungsebene* beider Medien schwingt. Dabei sei die x-Achse vom optisch dichteren zum optisch dünneren Medium gerichtet. Die y- und z-Achsen liegen in der Trennungsfläche. [Die Öffnung der einfallenden (Kugel-)

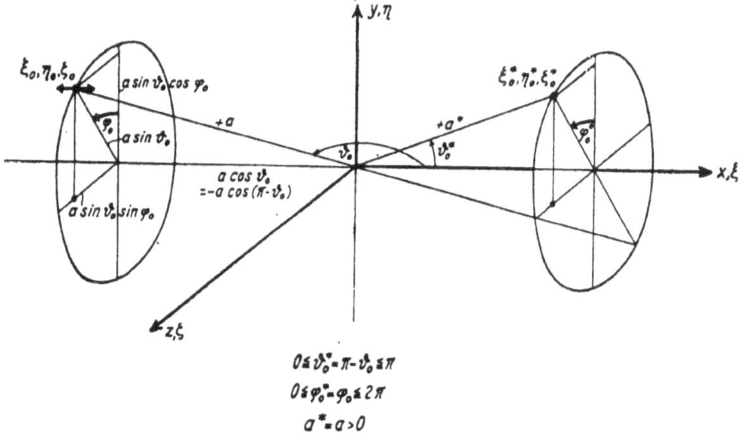

Abb. 1. Zur Wahl der Koordinaten sowie der benutzten Bezeichnungen.

Welle sei als durch eine Blende [20]) begrenzt vorausgesetzt.] Der parallel zur x-Achse schwingende Dipol (Hertzsche Vektor) habe dementsprechend die Koordinaten (Abb. 1)

$$(\xi_0, \eta_0, \zeta_0) = \{+a\cos\vartheta_0, \quad +a\sin\vartheta_0\cos\varphi_0, \quad +a\sin\vartheta_0\sin\varphi_0\} \tag{1}$$

mit $a = \text{const} > 0$, $0 \leqq \delta_0 = \text{const} \leqq \pi$, $0 \leqq \varphi_0 = \text{const} \leqq 2\pi$, während die Wellenflächen der einfallenden Welle darstellbar sind durch

$$\begin{aligned} \xi &= +a\cos\vartheta_0 + \text{const}\cos\alpha \\ \eta &= +a\sin\vartheta_0\cos\varphi_0 + \text{const}\cos\beta \\ \zeta &= +a\sin\vartheta_0\sin\varphi_0 + \text{const}\cos\gamma \end{aligned} \tag{2}$$

Für die einfallende Welle gelten also die Beziehungen:

$$\mathfrak{Z}_x = \frac{e^{i\omega t}}{k^2\sqrt{\varepsilon}} \int\int \psi\, e^{-ik[\ldots]}\, d\Omega$$

---

[20]) Zum Beispiel eine zur Trennebene beider Medien parallele Kreisringblende, deren Mittelpunkt auf dem von der (Licht-) Quelle auf die Trennebene beider Medien gefällten Lote liegt und deren innerer Kreisringradius so groß ist, daß er — von der (punktförmigen) Lichtquelle aus gesehen — unter einem Winkel erscheint, der $\underset{(=)}{>}$ dem Grenzwinkel der Totalreflexion ist.

$$(3)\qquad \begin{aligned}
\mathfrak{Z}_y &= 0\\
\mathfrak{Z}_z &= 0\\
\mathfrak{E}_x &= \frac{e^{i\omega t}}{\sqrt{\varepsilon}}\iint \psi \sin^2\alpha\, e^{-ik[\ldots]}\, d\Omega\\
\mathfrak{E}_y &= -\frac{e^{i\omega t}}{\sqrt{\varepsilon}}\iint \psi \cos\alpha \cos\beta\, e^{-ik[\ldots]}\, d\Omega\\
\mathfrak{E}_z &= -\frac{e^{i\omega t}}{\sqrt{\varepsilon}}\iint \psi \cos\alpha \cos\gamma\, e^{-ik[\ldots]}\, d\Omega\\
\mathfrak{H}_x &= 0\\
\mathfrak{H}_y &= +\frac{e^{i\omega}}{\sqrt{\mu}}\iint \psi \cos\gamma\, e^{-ik[\ldots]}\, d\Omega\\
\mathfrak{H}_z &= -\frac{e^{i\omega t}}{\sqrt{\mu}}\iint \psi \cos\beta\, e^{-ik[\ldots]}\, d\Omega
\end{aligned}$$

$$[\ldots] = [x_P \cos\alpha + y_P \cos\beta + z_P \cos\gamma - f(\cos\beta, \cos\gamma)]$$

$$f(\cos\beta, \cos\gamma) = +a \cos\vartheta_0 \cos\alpha + a \sin\vartheta_0 \cos\varphi_0 \cos\beta + a \sin\vartheta_0 \sin\varphi_0 \cos\gamma + \text{const},$$

wo wir — ohne Beeinträchtigung der Allgemeingültigkeit — die nur einen konstanten Phasenfaktor ergebende Konstante unberücksichtigt lassen können. Ferner ist

$$d\Omega = \frac{d(\cos\beta)\, d(\cos\gamma)}{\cos\alpha} = \frac{d\cos\beta\, d\cos\gamma}{\cos\alpha}.$$

Die einzelnen sich superponierenden ebenen Teilwellen, die als seitlich unbegrenzt anzunehmen sind, lassen sich — *jede für sich* — durch das von der Ausbreitungsrichtung der betreffenden *Teil*welle abhängige Transformationsschema

	x'	y'	z'
x	$\cos\alpha$	0	$\sin\alpha$
y	$\cos\beta$	$-\frac{\cos\gamma}{\sin\alpha}$	$-\frac{\cos\alpha\cos\beta}{\sin\alpha}$
z	$\cos\gamma$	$+\frac{\cos\beta}{\sin\alpha}$	$-\frac{\cos\alpha\cos\gamma}{\sin\alpha}$

das so gewählt ist, daß die neue x'-Achse mit der Fortpflanzungsrichtung der *betreffenden* ebenen Welle zusammenfällt, die neue y'-Achse senkrecht zur Einfallsebene jener Welle in der Trennungsebene beider Medien liegt, die (x', z')-Ebene also mit der Einfallsebene der betreffenden Teilwelle (Elementarwelle) zusammenfällt, auf die Form bringen

$$\begin{aligned}
\mathfrak{E}_{x'} &= 0 & \mathfrak{H}_{x'} &= 0\\
\mathfrak{E}_{y'} &= 0 & \mathfrak{H}_{y'} &= -\frac{e^{i\omega t}}{\sqrt{\mu}}\psi \sin\alpha\, e^{-ik[x'-f]}\\
\mathfrak{E}_{z'} &= \frac{e^{i\omega t}}{\sqrt{\varepsilon}}\psi \sin\alpha\, e^{-ik[x'-f]} & \mathfrak{H}_{z'} &= 0,
\end{aligned}$$

sind also mit Bezug auf das (von der Fortpflanzungsrichtung der *Teil*welle abhängende) (x', y', z')-System, dessen x'-Achse mit der Fortpflanzungsrichtung der betreffenden Teilwelle zusammenfällt (Abb. 2), parallel zur (x', y')-Ebene polarisiert[21]). Ihre Amplitude ist proportional zu $\psi \sin\alpha$, wie auch aus $\mathfrak{E}_x$, $\mathfrak{E}_y$, $\mathfrak{E}_z$ und $\mathfrak{H}_x$, $\mathfrak{H}_y$, $\mathfrak{H}_z$ durch Bildung von $|\mathfrak{E}|$ bzw. $|\mathfrak{H}|$ sofort folgt.

[21]) „Schwingungsebene“ — die sich ja auf den elektrischen Vektor bezieht — ist die (x', z')-Ebene.

Durch das folgende, auf die Darstellung von $\mathfrak{E}$ und $\mathfrak{H}$ (bzw. $\mathfrak{Z}$) im *ursprünglichen* (x, y, z)-Koordinatensystem anzuwendende Transformationsschema

	x''	y''	z''
x	1	0	0
y	0	$+\frac{\cos\beta}{\sin\alpha}$	$-\frac{\cos\gamma}{\sin\alpha}$
z	0	$+\frac{\cos\gamma}{\sin\alpha}$	$+\frac{\cos\beta}{\sin\alpha}$

das gleichfalls für jede der Teilwellen — in Abhängigkeit von ihrer Richtung — ein verschiedenes Koordinatensystem ergibt, wobei die neue x''-Achse mit der x-Achse, also der vom optisch dichteren zum optisch dünneren Medium weisenden Normalen der Trennungsebene

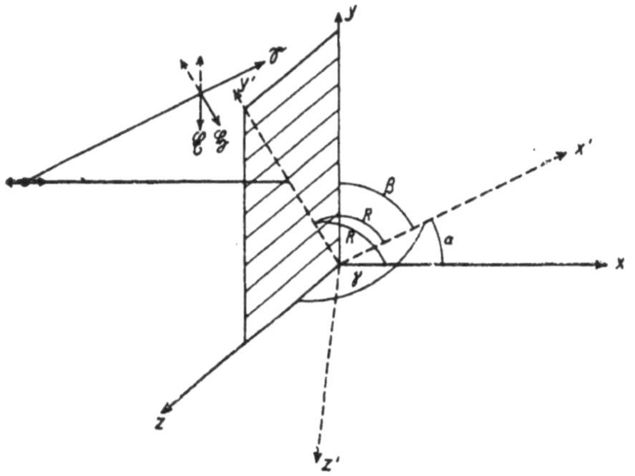

Abb. 2. Lagebeziehung von $\mathfrak{E}$ und $\mathfrak{H}$ einer der ebenen Teilwellen (der vom Dipol ausgehenden Kugelwelle) zur Schwingungsrichtung des Dipols. Lagebeziehung des (x', y', z')-Systems, in dem die ebene Teilwelle [der Richtung (α, β, γ) gegen das (x, y, z)-System] parallel zur (x', y')-Ebene linear polarisiert ist, gegen das (x, y, z)-System, in dem der Dipol parallel zur x-Achse schwingt.

beider Medien zusammenfällt, ergeben sich für die Komponenten der einzelnen Teilwellen die Gleichungen

$$\mathfrak{E}_{x''} = + \frac{e^{i\omega t}}{\sqrt{\varepsilon}} \psi \sin^2\alpha \, e^{-ik[\text{——}]}$$

$$\mathfrak{E}_{y''} = - \frac{e^{i\omega t}}{\sqrt{\varepsilon}} \psi \cos\alpha \sin\alpha \, e^{-ik[\text{——}]}$$

$$\mathfrak{E}_{z''} = 0$$

$$\mathfrak{H}_{x''} = 0$$

$$\mathfrak{H}_{y''} = 0$$

$$\mathfrak{H}_{z''} = - \frac{e^{i\omega t}}{\sqrt{\mu}} \psi \sin\alpha \, e^{-ik[\text{——}]}$$

$$[\text{——}] = [x''_P \cos\alpha + y''_P \sin\alpha - f(\cos\beta, \cos\gamma)].$$

Mit Bezug auf dieses (x'', y'', z'')-System haben wir es also bei den ebenen Teilwellen mit ebenen Wellen zu tun, deren Polarisationsebene die zur Einfallsebene der betreffenden Teilwelle senkrechte (x'', z'')-Ebene ist, während die Schwingungsebene *in* der Einfallsebene der betreffenden Teilwelle liegt.

Unter Benutzung der von mir in [9), S. 935] angegebenen Formeln erhalten wir mit Bezug auf das (x'', y'', z'')-System für die *reflektierte* Welle[22])

$$\mathfrak{E}^*_{x''} = + \frac{e^{i\omega t}}{\sqrt{\varepsilon}} \psi^* \sin^2\alpha^* r_\| e^{-ik[.-.-.]}$$

$$\mathfrak{E}^*_{y''} = - \frac{e^{i\omega t}}{\sqrt{\varepsilon}} \psi^* \cos\alpha^* \sin\alpha^* r_\| e^{-ik[.-.-.]} \qquad (\text{da } \cos\alpha^* < 0)$$

$$\mathfrak{E}^*_{z''} = 0$$

$$\mathfrak{H}^*_{x''} = 0$$

$$\mathfrak{H}^*_{y''} = 0$$

$$\mathfrak{H}^*_{z''} = - \frac{e^{i\omega t}}{\sqrt{\mu}} \psi^* \sin\alpha^* r_\| e^{-ik[.-.-.]}.$$

Hierin bedeutet

$$[.-.-.] = [-x''\cos\alpha + y''\sin\alpha - f(\cos\beta, \cos\gamma)] = [x''\cos\alpha^* + y''\sin\alpha^* - f^*(\cos\beta^*, \cos\gamma^*)]$$

mit $\qquad f^*(\cos\beta^*, \cos\gamma^*) = f(\cos\beta^*, \cos\gamma^*)$,

wobei also $\qquad \alpha^* = \pi - \alpha, \quad \beta^* = +\beta, \quad \gamma^* = +\gamma$

ist. Ferner ist $\qquad \psi^* = \psi^*(\cos\beta^*, \cos\gamma^*) = \psi(\cos\beta^*, \cos\gamma^*)$.

Für den Fall der Totalreflexion, d. h. für den Fall, daß $\sin^2\alpha > N = \frac{n'}{n}$ ist mit $n' < n$, also $N < 1$, und $n = \sqrt{\varepsilon\mu}$, $n' = \sqrt{\varepsilon'\mu'}$, nimmt der FRESNELsche Reflexionskoeffizient $r_\|$ — wenn wir beachten, daß für die $\sqrt{}$ der negative Wert zu wählen ist und deshalb statt $\sqrt{}$ gleich $-\sqrt[+]{}$ schreiben, von jetzt ab also den positiven Wert der $\sqrt{}$ meinen — die Form an

$$r_\| = \frac{N^2\cos\alpha + i\sqrt{\sin^2\alpha - N^2}}{N^2\cos\alpha + i\sqrt{\sin^2\alpha - N^2}} = \frac{+N^2\cos\alpha^* - i\sqrt{\sin^2\alpha^* - N^2}}{+N^2\cos\alpha^* + i\sqrt{\sin^2\alpha^* - N^2}},$$

(4₁) also $\qquad r_\| = e^{-2i\Delta_\|}$

mit $\qquad \operatorname{tg}\Delta_\| = -\frac{\sqrt{\sin^2\alpha - N^2}}{N^2\cos\alpha} = + \frac{\sqrt{\sin^2\alpha^* - N^2}}{N^2\cos\alpha^*}.$

Dieser Ausdruck für $r_\|$ läßt sich auch schreiben:

(4₂) $$r_\| = 1 - 2\frac{\sqrt{\sin^2\alpha^* - N^2}}{\sqrt{(1-N^2)(\sin^2\alpha^* - N^2\cos^2\alpha^*)}} e^{i\delta_\|}$$

mit $\qquad \operatorname{tg}\delta_\| = -\frac{N^2\cos\alpha}{\sqrt{\sin^2\alpha - N^2}} = + \frac{N^2\cos\alpha^*}{\sqrt{\sin^2\alpha^* - N^2}}.$

Eine andere Aufspaltung von $r_\|$ würde ergeben:

(4₃) $$r_\| = -1 - 2\frac{N^2\cos\alpha^*}{\sqrt{(1-N^2)(\sin^2\alpha^* - N^2\cos^2\alpha^*)}} e^{-i\Delta_\|}$$

mit $\qquad \operatorname{tg}\Delta_\| = -\frac{\sqrt{\sin^2\alpha - N^2}}{N^2\cos\alpha} = + \frac{\sqrt{\sin^2\alpha^* - N^2}}{N^2\cos\alpha^*}.$

Da für $\sin\alpha = \sin\alpha^* = N$, d. h. für den Grenzwinkel der Totalreflexion, alle drei Ausdrücke[23]) für $r_\|$ übergehen in $r_\| = +1$, erscheint die an zweiter Stelle gegebene Aufspaltung für $r_\|$ als die naturgegebene, wie sich unten noch näher zeigen wird.

---

[22]) Die „Indexstriche“ $\|$ (und später: $\perp$) an r sind entsprechend der „Schwingungsebene“ (also von $\mathfrak{E}$), nicht der „Polarisationsebene“ der betreffenden Teilwelle gewählt.

[23]) Man beachte, daß — im dritten Ausdruck für $r_\|$ — für $\sin\alpha = N$ die Größe $\cos\alpha^* = -\sqrt{1-N^2}$ ist, da ja $\frac{\pi}{2} < \alpha^* (= \pi - \alpha) < \pi$ ist.

Die zunächst noch auf die für die einzelnen Teilwellen verschiedenen (x'', y'', z'')-Systeme bezogenen Ausdrücke müssen nun noch zum Zwecke der Integrierung auf das ursprüngliche (x, y, z)-System zurücktransformiert werden. Wir erhalten so, wenn wir noch gleich die Integration vornehmen, für die reflektierte Welle die Gleichungen

$$\mathfrak{E}_x^* = \frac{e^{i\omega t}}{\sqrt{\varepsilon}} \iint \psi^* \sin^2\alpha^* \, r_\parallel \, e^{-ik[\ldots*\ldots]} \, d\Omega^*$$

$$\mathfrak{E}_y^* = -\frac{e^{i\omega t}}{\sqrt{\varepsilon}} \iint \psi^* \cos\alpha^* \cos\beta^* \, r_\parallel \, e^{-ik[\ldots*\ldots]} \, d\Omega^*$$

$$\mathfrak{E}_z^* = -\frac{e^{i\omega t}}{\sqrt{\varepsilon}} \iint \psi^* \cos\alpha^* \cos\gamma^* \, r_\parallel \, e^{-ik[\ldots*\ldots]} \, d\Omega^*$$

$$\mathfrak{H}_x^* = 0$$

$$\mathfrak{H}_y^* = +\frac{e^{i\omega t}}{\sqrt{\mu}} \iint \psi^* \cos\gamma^* \, r_\parallel \, e^{-ik[\ldots*\ldots]} \, d\Omega^*$$

$$\mathfrak{H}_z^* = -\frac{e^{i\omega t}}{\sqrt{\mu}} \iint \psi^* \cos\beta^* \, r_\parallel \, e^{-ik[\ldots*\ldots]} \, d\Omega^*$$

$$[\ldots*\ldots] = x\cos\alpha^* + y\cos\beta^* + z\cos\gamma^* - f^*(\cos\beta^*, \cos\gamma^*)$$

$$f^*(\cos\beta^*, \cos\gamma^*) = -a\cos\vartheta_0\cos\alpha^* + a\sin\vartheta_0\cos\varphi_0\cos\beta^* + a\sin\vartheta_0\sin\varphi_0\cos\gamma^* + \text{const}$$

$$= +a\cos\vartheta_0^*\cos\alpha^* + a\sin\vartheta_0^*\cos\varphi_0^*\cos\beta^* + a\sin\vartheta_0^*\sin\varphi_0^*\cos\gamma^* + \text{const}$$

mit

$$\vartheta_0^* = \pi - \vartheta_0; \; \varphi_0^* = \varphi_0$$

$$d\Omega^* = \frac{d(\cos\beta^*)\, d(\cos\gamma^*)}{-\cos\alpha^*}.$$

Setzen wir in vorstehenden Ausdrücken für $r_\parallel$ den oben an zweiter Stelle angegebenen Wert ein, und führen wir die Integration über die einzelnen Teilwellen durch, so sehen wir, daß die reflektierte Welle aufgespalten werden kann in eine der einfallenden Welle amplituden- und phasenmäßig völlig gleiche Kugelwelle, die vom Punkt

$$\xi_0^* = +a\cos\vartheta_0^* = +a\cos(\pi - \vartheta_0) = -a\cos\vartheta_0$$

(5)
$$\eta_0^* = +a\sin\vartheta_0^*\cos\varphi_0^* = +a\sin\vartheta_0\cos\varphi_0$$

$$\zeta_0^* = +a\sin\vartheta_0^*\sin\varphi_0^* = +a\sin\vartheta_0\sin\varphi_0$$

herzukommen scheint und eine weitere *Zusatz*welle, die dargestellt wird durch

$$\mathfrak{E}_{Zx}^* = +2\frac{e^{i\omega t}}{\sqrt{\varepsilon}} \iint \psi^* \frac{\sin^2\alpha^*}{\cos\alpha^*} \frac{\sqrt{\sin^2\alpha^* - N^2}}{\sqrt{(1-N^2)(\sin^2\alpha^* - N^2\cos^2\alpha^*)}} \, e^{-ik\left\{[\ldots*\ldots] - \frac{\lambda}{2\pi}\delta_\parallel\right\}} \, d(\cos\beta^*)\, d(\cos\gamma^*)$$

$$\mathfrak{E}_{Zy}^* = -2\frac{e^{i\omega t}}{\sqrt{\varepsilon}} \iint \psi^* \cos\beta^* \frac{\sqrt{\sin^2\alpha^* - N^2}}{\sqrt{(1-N^2)(\sin^2\alpha^* - N^2\cos^2\alpha^*)}} \, e^{-ik\left\{[\ldots*\ldots] - \frac{\lambda}{2\pi}\delta_\parallel\right\}} \, d(\cos\beta^*)\, d(\cos\gamma^*)$$

$$\mathfrak{E}_{Zz}^* = -2\frac{e^{i\omega t}}{\sqrt{\varepsilon}} \iint \psi^* \cos\gamma^* \frac{\sqrt{\sin^2\alpha^* - N^2}}{\sqrt{(1-N^2)(\sin^2\alpha^* - N^2\cos^2\alpha^*)}} \, e^{-ik\left\{[\ldots*\ldots] - \frac{\lambda}{2\pi}\delta_\parallel\right\}} \, d(\cos\beta^*)\, d(\cos\gamma^*)$$

$$\mathfrak{H}\overset{*}{\mathrm{Z}}_x = 0$$

$$\mathfrak{H}\overset{*}{\mathrm{Z}}_y = +2\frac{e^{i\omega t}}{\sqrt{\mu}}\int\int \psi^* \frac{\cos\gamma^*}{\cos\alpha^*}\frac{\sqrt{\sin^2\alpha^* - N^2}}{\sqrt{(1-N^2)(\sin^2\alpha^* - N^2\cos^2\alpha^*)}}\, e^{-ik\left\{[\ldots*\ldots] - \frac{\lambda}{2\pi}\delta_\parallel\right\}} d(\cos\beta^*)\, d(\cos\gamma^*)$$

$$\mathfrak{H}\overset{*}{\mathrm{Z}}_z = -2\frac{e^{i\omega t}}{\sqrt{\mu}}\int\int \psi^* \frac{\cos\beta^*}{\cos\alpha^*}\frac{\sqrt{\sin^2\alpha^* - N^2}}{\sqrt{(1-N^2)(\sin^2\alpha^* - N^2\cos^2\alpha^*)}}\, e^{-ik\left\{[\ldots*\ldots] - \frac{\lambda}{2\pi}\delta_\parallel\right\}} d(\cos\beta^*)\, d(\cos\gamma^*),$$

worin noch $$\delta_\parallel = \delta_\parallel(\alpha^*) = \operatorname{arc\,tg}\left(+\frac{N^2\cos\alpha^*}{\sqrt{\sin^2\alpha^* - N^2}}\right).$$

Der dieser *Zusatz*welle entsprechende HERTZsche Vektor hat in diesem Fall, d. h. wenn die einfallende Welle durch einen zur Trennungsebene beider Medien senkrecht schwingenden Dipol erzeugt wurde, gleichfalls nur eine zur Trennungsebene senkrechte (x-) Komponente, und zwar ist

$$(6)\quad \mathfrak{Z}\overset{*}{\mathrm{Z}}_x = +2\frac{e^{i\omega t}}{k^2\sqrt{\varepsilon}}\int\int \frac{\psi^*}{\cos\alpha^*}\frac{\sqrt{\sin^2\alpha^* - N^2}}{\sqrt{(1-N^2)(\sin^2\alpha^* - N^2\cos^2\alpha^*)}}\cdot e^{-ik\left\{[\ldots*\ldots] - \frac{\lambda}{2\pi}\delta_\parallel\right\}} d(\cos\beta^*)\, d(\cos\gamma^*),$$

während der HERTZsche Vektor des eine *Kugel*welle darstellenden *Anteils* der reflektierten Welle darstellbar ist durch

$$\mathfrak{Z}\overset{*}{\mathrm{K}}_x = -\frac{e^{i\omega t}}{k^2\sqrt{\varepsilon}}\int\int \frac{\psi^*}{\cos\alpha^*}\, e^{-ik[\ldots*\ldots]}\, d(\cos\beta^*)\, d(\cos\gamma^*)$$
$$= +\frac{e^{i\omega t}}{k^2\sqrt{\varepsilon}}\int\int \psi^*\, e^{-ik[\ldots*\ldots]}\, d\Omega^*.$$

Benutzen wir für $r_\parallel$ nicht die oben an zweiter Stelle, sondern die an dritter Stelle angegebene Zerlegung, so können wir die reflektierte Welle aufspalten in einen Anteil, der eine vom Punkte $(\xi_0^*, \eta_0^*, \zeta_0^*)$ ausgehende Kugelwelle darstellt, die aber bei der Reflexion einen Phasensprung vom Betrage π erfährt, und in einen Anteil, der eine Zusatzwelle darstellt und dem der HERTZsche Vektor

$$(7)\quad \mathfrak{Z}\overset{**}{\mathrm{Z}}_x = +2\frac{e^{i\omega t}}{k^2\sqrt{\varepsilon}}\int\int \psi^* \frac{N^2\cos\alpha^*}{\sqrt{(1-N^2)(\sin^2\alpha^* - N^2\cos^2\alpha^*)}}\, e^{-ik\left\{[\ldots*\ldots] + \frac{\lambda}{2\pi}\Delta_\parallel\right\}} \frac{d(\cos\beta^*)\, d(\cos\gamma^*)}{\cos\alpha^*}$$

mit $$\Delta_\parallel = \Delta_\parallel(\alpha^*) = \operatorname{arc\,tg}\left(+\frac{\sqrt{\sin^2\alpha^* - N^2}}{N^2\cos\alpha^*}\right) = \frac{\pi}{2} - \delta_\parallel(\alpha^*)$$ zugeordnet ist.

Die Integration ist in allen Fällen auszuführen über den ganzen Öffnungswinkel der reflektierten Anteile, der dem Öffnungswinkel der einfallenden Welle nach den angegebenen Formeln ($\alpha^* = \pi - \alpha$, $\beta^* = \beta$, $\gamma^* = \gamma$) entspricht, so daß zunächst nicht die Möglichkeit zu bestehen scheint, den reflektierten Kugelwellenanteil und den reflektierten Zusatzwellenanteil voneinander zu trennen, da sich beide natürlich überlagern und miteinander interferieren. Da aber — wie wir noch zeigen werden — die Zusatzwelle (bei beiden Zerlegungen) sphärische Aberration besitzt, die einzelnen „Strahlen" der Zusatzwelle also von verschiedenen Punkten des vom idealen Bildpunkt auf die Trennungsebene gefällten Lotes herzukommen scheinen, während die „Strahlen" des reflektierten Kugelwellenanteils alle vom *gleichen* Punkt, dem idealen Bildpunkt des leuchtenden Objektpunktes, herzukommen scheinen, so fallen die Strahlen *gleicher Richtung* bei reflektiertem Kugelwellenanteil und Zusatzwellenanteil *nicht* zusammen, so daß unter gewissen Umständen durch Blenden im reflektierten Strahlenbündel Strahlen bestimmter Richtung in einem der beiden Anteile abgeblendet werden können, während die Strahlen gleicher Richtung des anderen Anteils an der Blende vorbeilaufen. Allerdings ist dabei zu beachten, daß — strenggenommen — das Zwischenschalten einer solchen Blende die Verhältnisse wieder modifiziert, so daß sie auch theoretisch mit in Rechnung zu ziehen ist, doch wollen wir hier hierauf nicht näher eingehen.

§ 2. Geometrisch-optische Folgerungen aus den (beugungstheoretischen) Formeln des vorigen Paragraphen

Bevor wir auf die Behandlung des etwas komplizierteren Falles eingehen, daß der HERTZsche Vektor, d. h. der Dipol der einfallenden Welle *parallel* zur Trennungsebene beider Medien, d. h. *parallel* zur $y\,z$-Ebene liegt — durch Überlagerung beider Fälle ergeben sich dann ja die Verhältnisse für jede beliebige Lage des HERTZschen Vektors, des Dipols — seien die Ergebnisse des vorhergehenden Paragraphen für den Fall eines *senkrecht* zur Trennungsebene beider Medien schwingenden Dipols näher diskutiert.

Insbesondere interessieren uns hier die Phasenbeziehungen der Zusatzwelle $\mathfrak{Z}^*_{\mathrm{Z}x}$ bzw. $\mathfrak{Z}^{**}_{\mathrm{Z}x}$ bezüglich der einzelnen Strahlrichtungen, die Gestalt der Wellenflächen der jeweiligen Zusatzwelle sowie die — bereits oben erwähnte — sphärische Aberration der Zusatzwelle. Ferner die (scheinbare) Eindringtiefe der (totalreflektierten) Strahlen in das zweite (optisch dünnere) Medium und die Strahlverschiebung der totalreflektierten Strahlen.

Die Gleichungen der Wellenflächen der Zusatzwelle erhalten wir aus der im Exponenten des Integranden des die Zusatzwelle darstellenden Integrals auftretenden Gestaltsfunktion. Diese lautet in $\mathfrak{Z}^*_{\mathrm{Z}x}$ vollständig:

$$g^*_{\mathrm{Z}}(\beta^*,\gamma^*) = f^*(\cos\beta^*,\cos\gamma^*) + \frac{\lambda}{2\pi}\operatorname{arc\,tg}\left(+\frac{N^2\cos\alpha^*}{\sqrt{\sin^2\alpha^*-N^2}}\right),$$

$$(1)\qquad g^*_{\mathrm{Z}}(\beta^*,\gamma^*) = a\Big[\cos\vartheta^*_0\cos\alpha^* + \sin\vartheta^*_0\cos\varphi^*_0\cos\beta^* + \sin\vartheta^*_0\sin\varphi^*_0\cos\gamma^* + {} + \frac{1}{2\pi}\frac{\lambda}{a}\operatorname{arc\,tg}\frac{N^2\cos\alpha^*}{\sqrt{\sin^2\alpha^*-N^2}}\Big],$$

in der noch $\cos\alpha^* = -\sqrt{1-\cos^2\beta^*-\cos^2\gamma^*}$ und $\sin^2\alpha^* = \cos^2\beta^* + \cos^2\gamma^*$ zu setzen ist, um aus ihr nach den Formeln (E, 8) auf S. 8 die Gleichungen der Wellenflächen berechnen zu können. Es ist

$$\frac{\partial\cos\alpha^*}{\partial\cos\beta^*} = -\frac{\cos\beta^*}{\cos\alpha^*},\qquad \frac{\partial\cos\alpha^*}{\partial\cos\gamma^*} = -\frac{\cos\gamma^*}{\cos\alpha^*},$$

$$\frac{\partial\sin^2\alpha^*}{\partial\cos\beta^*} = 2\cos\beta^*,\qquad \frac{\partial\sin^2\alpha^*}{\partial\cos\gamma^*} = 2\cos\gamma^*.$$

Damit wird

$$\frac{\partial g^*_{\mathrm{Z}}}{\cos\beta^*} = a\Big[-\cos\vartheta^*_0\frac{\cos\beta^*}{\cos\alpha^*} + \sin\vartheta^*_0\cos\varphi^*_0 + \frac{1}{2\pi}\frac{\lambda}{a}\cdot \cdot\frac{\sin^2\alpha^*-N^2}{(1-N^2)(\sin^2\alpha^*-N^2\cos^2\alpha^*)}\cdot\frac{-N^2\cos\beta^*(1-N^2)}{\cos\alpha^*(\sin^2\alpha^*-N^2)^{3/2}}\Big]$$

$$= a\Big[-\cos\vartheta^*_0\frac{\cos\beta^*}{\cos\alpha^*} + \sin\vartheta^*_0\cos\varphi^*_0 - \frac{1}{2\pi}\frac{\lambda}{a}\frac{N^2}{(\sin^2\alpha^*-N^2\cos^2\alpha^*)\sqrt{\sin^2\alpha^*-N^2}}\frac{\cos\beta^*}{\cos\alpha^*}\Big]$$

$$\frac{\partial g^*_{\mathrm{Z}}}{\cos\gamma^*} = a\Big[-\cos\vartheta^*_0\frac{\cos\gamma^*}{\cos\alpha^*} + \sin\vartheta^*_0\sin\varphi^*_0 - \frac{1}{2\pi}\frac{\lambda}{\alpha}\frac{N^2}{(\sin^2\alpha^*-N^2\cos^2\alpha^*)\sqrt{\sin^2\alpha^*-N^2}}\frac{\cos\gamma^*}{\cos\alpha^*}\Big],$$

also

$$\begin{aligned}\xi^*_{\mathrm{Z}} = a\cos\alpha^*\Big[&\cos\vartheta^*_0\cos\alpha^* + \sin\vartheta^*_0\cos\varphi^*_0\cos\beta^* + \sin\vartheta^*_0\sin\varphi^*_0\cos\gamma^* + \\ &+ \frac{1}{2\pi}\frac{\lambda}{a}\operatorname{arc\,tg}\frac{N^2\cos\alpha^*}{\sqrt{\sin^2\alpha^*-N^2}} \\ &+ \cos\vartheta^*_0\frac{\cos^2\beta^*}{\cos\alpha^*} - \sin\vartheta^*_0\cos\varphi^*_0\cos\beta^* + \\ &+ \frac{1}{2\pi}\frac{\lambda}{a}\frac{N^2\cos^2\beta^*/\cos\alpha^*}{(\sin^2\alpha^*-N^2\cos^2\alpha^*)\sqrt{\sin^2\alpha^*-N^2}} + \\ &+ \cos\vartheta^*_0\frac{\cos^2\gamma^*}{\cos\alpha^*} - \sin\vartheta^*_0\sin\varphi^*_0\cos\gamma^* + \\ &+ \frac{1}{2\pi}\frac{\lambda}{a}\frac{N^2\cos^2\gamma^*/\cos\alpha^*}{(\sin^2\alpha^*-N^2\cos^2\alpha^*)\sqrt{\sin^2\alpha^*-N^2}}\Big] + \text{const}\cos\alpha^*\end{aligned}$$

$$(2_1)\quad \xi_Z^* = a\cos\vartheta_0^* + \frac{\lambda}{2\pi}\left\{\frac{+N^2\sin^2\alpha^*/\cos\alpha^*}{(\sin^2\alpha^* - N^2\cos^2\alpha^*)\sqrt{\sin^2\alpha^* - N^2}} + \operatorname{arc\,tg}\frac{N^2\cos\alpha^*}{\sqrt{\sin^2\alpha^* - N^2}} + \text{const}\right\}\cos\alpha^*$$

$$\eta_Z^* = \frac{\cos\beta^*}{\cos\alpha^*}\,\xi_Z^* + \frac{\partial g_Z^*}{\partial\cos\beta^*}$$

$$\eta_Z^* = a\sin\vartheta_0^*\cos\varphi_0^* + \frac{\lambda}{2\pi}\left\{\frac{-N^2\cos\alpha^*}{(\sin^2\alpha^* - N^2\cos^2\alpha^*)\sqrt{\sin^2\alpha^* - N^2}} + \operatorname{arc\,tg}\frac{N^2\cos\alpha^*}{\sqrt{\sin^2\alpha^* - N^2}} + \text{const}\right\}\cos\beta^*$$

(2_2)

$$\zeta_Z^* = \frac{\cos\gamma^*}{\cos\alpha^*}\,\xi_Z^* + \frac{\partial g_Z^*}{\partial\cos\gamma^*}$$

$$\zeta_Z^* = a\sin\vartheta_0^*\sin\varphi_0^* + \frac{\lambda}{2\pi}\left\{\frac{-N^2\cos\alpha^*}{(\sin^2\alpha^* - N^2\cos^2\alpha)\sqrt{\sin^2\alpha^* - N^2}} + \operatorname{arc\,tg}\frac{N^2\cos\alpha^*}{\sqrt{\sin^2\alpha^* - N^2}} + \text{const}\right\}\cos\gamma^*.$$

(2_3)

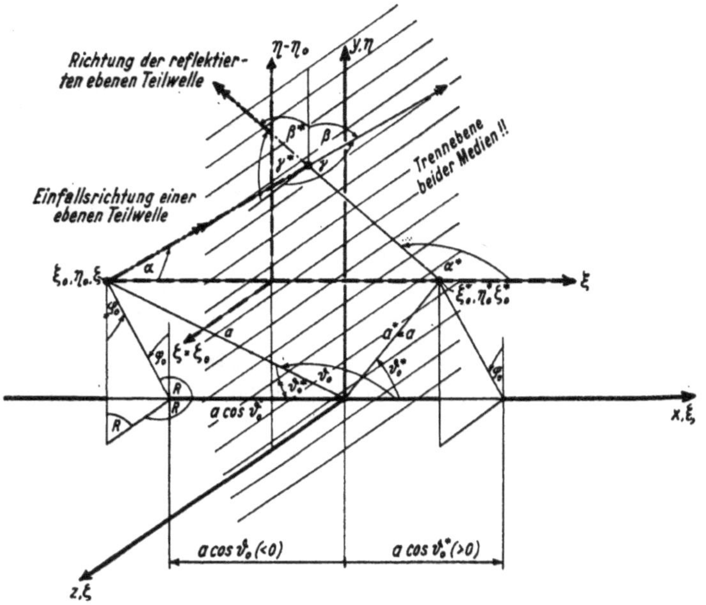

Abb. 3. Zur Beziehung zwischen den Größen ξ_0, η_0, ζ_0, ϑ_0, φ_0, a des strahlenden Dipols einerseits und ξ_0^*, η_0^*, ζ_0^*, ϑ_0^*, φ_0^*, a^* des idealen Spiegelbildes andererseits.

Der Punkt $(a\cos\vartheta_0^*,\ a\sin\vartheta_0^*\cos\varphi_0^*,\ a\sin\vartheta_0^*\sin\varphi_0^*) = (\xi_0^*, \eta_0^*, \zeta_0^*)$ ist dabei der „ideale Bildpunkt" der (punktförmigen) Lichtquelle (Abb. 3), d. h. des im Punkte $(a\cos\vartheta_0,\ a\sin\vartheta_0\cos\varphi_0,\ a\sin\vartheta_0\sin\varphi_0)$ senkrecht zur Trennungsebene beider Medien schwingenden Dipols, wobei — wie oben schon erwähnt — die Beziehungen gelten: $\vartheta_0^* = \pi - \vartheta_0$, $\varphi_0^* = \varphi_0$.

Mit Bezug auf ein Koordinatensystem $\bar\xi$, $\bar\eta$, $\bar\zeta$ bzw. $\bar\xi$, $\bar\varrho$, $\bar\varphi$ mit

$$\bar\xi = \begin{cases}-(\xi - \xi_0^*)\\ -(\xi - a\cos\vartheta_0^*)\end{cases};\qquad \bar\eta = \begin{cases}-(\eta - \eta_0^*)\\ -(\eta - a\sin\vartheta_0^*\cos\varphi_0^*)\end{cases};\qquad \bar\zeta = \begin{cases}-(\zeta - \zeta_0^*)\\ -(\zeta - a\sin\vartheta_0^*\sin\varphi_0^*)\end{cases};$$

$$\bar\varrho = \sqrt{\bar\eta^2 + \bar\zeta^2};\qquad \bar\varphi = \begin{cases}\operatorname{arc\,sin}\dfrac{\bar\zeta}{\bar\varrho}\\[2mm] \operatorname{arc\,cos}\dfrac{\bar\eta}{\bar\varrho}\end{cases},$$

dessen Ursprungspunkt im „idealen Bildpunkt" ξ_0^*, η_0^*, ζ_0^* liegt und dessen Polarachse das vom „idealen Bildpunkt" auf die Trennungsebene beider Medien gefällte Lot ist und parallel zur ($-x$)-Achse weist (Abb. 4), lauten die Gleichungen der Wellenfläche der Zusatzwelle des reflektierten Strahlenbündels (mit $\sin^2\bar{\alpha}^* > N$)

$$
(3)\quad
\begin{aligned}
\bar{\xi}^*_{\mathrm{Z}} &= -\frac{\lambda}{2\pi}\left\{\frac{+N^2\sin^2\bar{\alpha}^*/\cos\bar{\alpha}^*}{(\sin^2\bar{\alpha}^* - N^2\cos^2\bar{\alpha}^*)\sqrt{\sin^2\bar{\alpha}^* - N^2}} - \operatorname{arc\,tg}\frac{-N^2\cos\bar{\alpha}^*}{\sqrt{\sin^2\bar{\alpha}^* - N^2}} - \mathrm{const}\right\}\cos\bar{\alpha}^*,\\
\bar{\varrho}^*_{\mathrm{Z}} &= +\frac{\lambda}{2\pi}\left\{\frac{+N^2\cos\bar{\alpha}^*}{(\sin^2\bar{\alpha}^* - N^2\cos^2\bar{\alpha}^*)\sqrt{\sin^2\bar{\alpha}^* - N^2}} + \operatorname{arc\,tg}\frac{-N^2\cos\bar{\alpha}^*}{\sqrt{\sin^2\bar{\alpha}^* - N^2}} + \mathrm{const}\right\}\sin\bar{\alpha}^*,
\end{aligned}
$$

worin noch (wegen der Umkehr der ξ-Richtung) $\bar{\alpha}^* = \pi - \alpha^*$ ist.

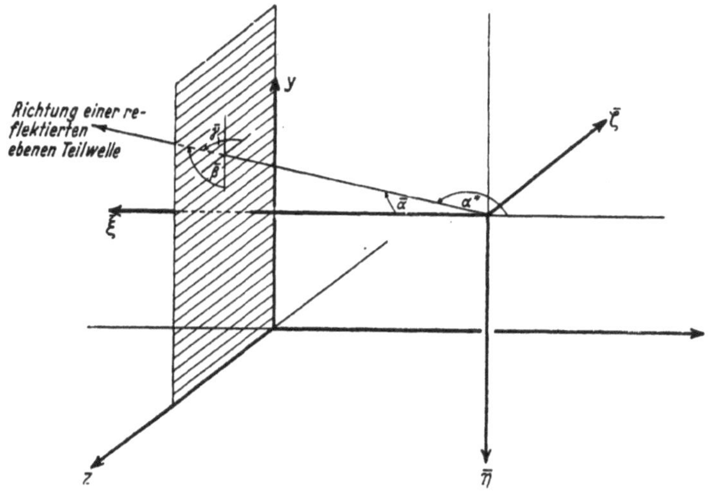

Abb. 4. Zur Lagebeziehung des $(\bar{\xi}, \bar{\eta}, \bar{\zeta})$-Systems und der Richtungswinkel $\bar{\alpha}, \bar{\beta}, \bar{\gamma}$ gegenüber dem (x, y, z)-System und den Richtungswinkeln $\alpha^*, \beta^*, \gamma^*$.

Fragen wir, an welcher Stelle 1. die $\bar{\xi}$-Achse, 2. die Trennungsebene von einem in Richtung $\bar{\alpha}^*$ verlaufenden Strahl des reflektierten Strahlenbündels bzw. durch seine rückwärtige Verlängerung getroffen bzw. geschnitten wird, so haben wir die in $\bar{\xi}$ und $\bar{\varrho}$ auftretende Konstante, die durch Wahl verschiedener Werte ja die einzelnen Wellenflächen der Wellenflächenschar des (reflektierten) Strahlenbündels, der reflektierten Welle, ergibt, so zu wählen, daß für das gewählte $\bar{\alpha}^*$ der $\bar{\varrho}$-Wert verschwindet bzw. — für die Frage 2. — der $\bar{\xi}$-Wert den Wert $a\cos\vartheta^*$ annimmt.

Wir finden so, daß der in Richtung $\bar{\alpha}^*$ verlaufende reflektierte Strahl herzukommen scheint vom Punkte

$$
(4_1)\quad
\begin{aligned}
\bar{\xi}^*_{\mathrm{Z}}(\bar{\alpha}^*) &= -\frac{\lambda}{2\pi}\,\frac{N^2}{(\sin^2\bar{\alpha}^* - N^2\cos^2\bar{\alpha}^*)\sqrt{\sin^2\bar{\alpha}^* - N^2}},\\
\bar{\varrho}^*_{\mathrm{Z}}(\bar{\alpha}^*) &= 0,
\end{aligned}
$$

also eine „*sphärische Aberration*“ $\Delta^*_s (= \xi^*_{\mathrm{Z}}(\alpha^*) - \xi^*_0) = -\bar{\xi}^*_{\mathrm{Z}}(\alpha^*) > 0$ besitzt und die Trennungsebene beider Medien, d. h. die reflektierende Ebene im Punkte

$$
(4_2)\quad
\begin{aligned}
\bar{\xi}^*_{\mathrm{Z}}(\bar{\alpha}^*) &= a\cos\vartheta^*_0 \quad [\text{d. h.: } x = 0]\\
\bar{\varrho}^*_{\mathrm{Z}}(\bar{\alpha}^*) &= a\cos\vartheta^*_0\operatorname{tg}\bar{\alpha}^* + \frac{\lambda}{2\pi}\,\frac{N^2\operatorname{tg}\bar{\alpha}^*}{(\sin^2\bar{\alpha}^* - N^2\cos^2\bar{\alpha}^*)\sqrt{\sin^2\bar{\alpha}^* - N^2}}
\end{aligned}
$$

trifft.

Da der zugehörige *einfallende* Strahl die Trennungsebene beider Medien im Punkte $\bar{\varrho} = a\cos\vartheta_0\operatorname{tg}\alpha (= a\cos\vartheta^*_0\operatorname{tg}\bar{\alpha}^*) = \xi^*_0\operatorname{tg}\alpha^*$ trifft, so ist der reflektierte Strahl also vom

Fußpunkt des von der Lichtquelle auf die Trennungsebene gefällten Lotes weg verschoben,

$$(4_3)\qquad \left(\text{„}\mathit{Strahlverschiebung}\text{“} = \bar{\varrho}_Z^*(\alpha^*) - \xi_0^* \operatorname{tg}\alpha^* = \frac{\lambda}{2\pi}\,\frac{N^2 \operatorname{tg}\bar{\alpha}^*}{(\sin^2\bar{\alpha}^* - N^2\cos^2\bar{\alpha}^*)\sqrt{\sin^2\bar{\alpha}^* - N^2}}\right),$$

so daß die „Totalreflexion“ hiernach so erfolgt, als fände sie erst an einer Stelle *hinter* der Trennungsebene statt, und zwar an einer Stelle, die um

$$(4_4)\qquad \frac{\lambda}{4\pi}\,\frac{N^2}{(\sin^2\bar{\alpha}^* - N^2\cos^2\bar{\alpha}^*)\sqrt{\sin^2\bar{\alpha}^* - N^2}}$$

hinter der Trennungsebene — vom Quellpunkt der einfallenden Welle aus gesehen — liegt. Die Strahlen besitzen also eine „*scheinbare Eindringtiefe*“ von dem in (4_4) angegebenen Betrage.

Man zeigt noch leicht — gewissermaßen als Probe der Berechnungen —, daß die Wellenflächen $\bar{\xi}^* = \bar{\xi}^*(\bar{\alpha}^*)$, $\bar{\eta}^* = \bar{\eta}^*(\bar{\alpha}^*)$ in allen (durch $\bar{\alpha}^*$ bestimmten) Punkten senkrecht stehen zu den Strahlrichtungen $\bar{\alpha}^*$.

Damit dies der Fall ist, muß ja

$$\frac{d\bar{\varrho}^*}{d\bar{\xi}^*} = \frac{d\bar{\varrho}^*}{d\bar{\alpha}^*} : \frac{d\bar{\xi}^*}{d\bar{\alpha}^*} = -\frac{1}{\operatorname{tg}\bar{\alpha}^*} = -\frac{\cos\bar{\alpha}^*}{\sin\bar{\alpha}^*},$$

also

$$\frac{d\bar{\varrho}^*}{d\bar{\alpha}^*}\sin\bar{\alpha}^* + \frac{d\bar{\xi}^*}{d\bar{\alpha}^*}\cos\bar{\alpha}^* = 0$$

sein.

Wir betrachten die in (3) in den geschweiften Klammern von $\bar{\xi}^*$ und $\bar{\varrho}^*$ auftretenden Glieder einzeln und bezeichnen sie — multipliziert mit $\frac{\lambda}{2\pi}\cos\bar{\alpha}^*$ bzw. $\frac{\lambda}{2\pi}\sin\bar{\alpha}^*$ — mit $\bar{\xi}_1^*$, $\bar{\xi}_2^*$, $\bar{\xi}_3^*$ bzw. $\bar{\varrho}_1^*$, $\bar{\varrho}_2^*$, $\bar{\varrho}_3^*$. Für $\bar{\xi}_3^*$, $\bar{\varrho}_3^*$ erkennt man sofort die Gültigkeit der geforderten Beziehungen. Denn ist ja

$$\frac{d\bar{\varrho}_3^*}{d\bar{\alpha}^*}\sin\bar{\alpha}^* + \frac{d\bar{\xi}_3^*}{d\bar{\alpha}^*}\cos\bar{\alpha}^* = \frac{\lambda}{2\pi}(\text{const}\cos\bar{\alpha}^*\sin\bar{\alpha}^* - \text{const}\sin\bar{\alpha}^*\cos\bar{\alpha}^*) = 0$$

Weiter ergibt sich nach einigen Rechnungen und Umformungen

$$\frac{d\bar{\varrho}_1^*}{d\bar{\alpha}^*}\sin\alpha^* + \frac{d\bar{\xi}_1^*}{d\bar{\alpha}^*}\cos\bar{\alpha}^* = \frac{\lambda}{2\pi}\,\frac{-N^2\sin\bar{\alpha}^*}{(\sin^2\bar{\alpha}^* - N^2\cos^2\bar{\alpha}^*)\sqrt{\sin^2\bar{\alpha}^* - N^2}},$$

$$\frac{d\bar{\varrho}_2^*}{d\bar{\alpha}^*}\sin\bar{\alpha}^* + \frac{d\bar{\xi}_2^*}{d\bar{\alpha}^*}\cos\bar{\alpha}^* = \frac{\lambda}{2\pi}\,\frac{N^2\sin\bar{\alpha}^*}{(\sin^2\bar{\alpha}^* - N^2\cos^2\bar{\alpha}^*)\sqrt{\sin^2\bar{\alpha}^* - N^2}},$$

so daß — wie verlangt — die Beziehung besteht

$$(5)\qquad \sin\bar{\alpha}^*\frac{d}{d\bar{\alpha}^*}(\bar{\varrho}_1^* + \bar{\varrho}_2^* + \bar{\varrho}_3^*) + \cos\bar{\alpha}^*\frac{d}{d\bar{\alpha}^*}(\bar{\xi}_1^* + \bar{\xi}_2^* + \bar{\xi}_3^*) = \frac{d\bar{\varrho}^*}{d\bar{\alpha}^*}\sin\bar{\alpha}^* + \frac{d\bar{\xi}^*}{d\bar{\alpha}^*}\cos\bar{\alpha}^* = 0.$$

Endlich sei noch erwähnt, daß die Amplitude dieser Zusatzwelle $\mathfrak{Z}_{Z\,x}^*$ richtungsabhängig ist und sich von der der einfallenden Kugelwelle $\mathfrak{Z}_x^*$ und der mit dieser amplitudengleich reflektierten Kugelwelle $\mathfrak{Z}_{K\,x}^*$ um den „Amplitudenfaktor“

$$-2\,\frac{\sqrt{\sin^2\bar{\alpha}^* - N^2}}{\sqrt{(1-N^2)(\sin^2\alpha^* - N^2\cos^2\bar{\alpha}^*)}}$$

unterscheidet, der für $\sin\bar{\alpha}^* = N$ den Wert 0 und für $\sin\bar{\alpha}^* \to 1$ den Wert -2 annimmt.

Wir betrachten nunmehr die auf S. 16 (1,7) durch ihren HERTZschen Vektor $\mathfrak{Z}^{**}_{\mathfrak{Z}x}$ gegebene *Zusatz*welle, die man erhält, wenn man die bei der Totalreflexion sich ergebende reflektierte Welle in eine ideale Kugelwelle, die vom idealen Bildpunkt des Lichtquellpunktes herzukommen scheint, und in eine Zusatzwelle derart zerlegt denkt, daß die reflektierte Kugelwelle der einfallenden Kugelwelle amplitudengleich ist, zu ihr aber einen *Phasenunterschied* vom Betrage π besitzt.

Die Gestaltsfunktion *dieser* Zusatzwelle $\mathfrak{Z}^{**}_{\mathfrak{Z}x}$ lautet

$$
\begin{aligned}
g^{**}_{\mathfrak{Z}}(\beta^*,\gamma^*) &= f^*(\cos\beta^*,\cos\gamma^*) - \frac{\lambda}{2\pi}\operatorname{arc\,tg}\left(+\frac{\sqrt{\sin^2\alpha^*-N^2}}{N^2\cos\alpha^*}\right)\\
&= a\left[\cos\vartheta_0^*\cos\alpha^* + \sin\vartheta_0^*\cos\varphi_0^*\cos\beta^* + \right.\\
&\quad\left. + \sin\vartheta_0^*\sin\varphi_0^*\cos\gamma_0^* - \frac{1}{2\pi}\frac{\lambda}{a}\operatorname{arc\,tg}\frac{\sqrt{\sin^2\alpha^*-N^2}}{N^2\cos\alpha^*}\right],
\end{aligned}
\tag{6}
$$

in der wieder $\cos\alpha^* = -\sqrt{1-\cos^2\beta^*-\cos^2\gamma^*}$ und $\sin^2\alpha^* = \cos^2\beta^* + \cos^2\gamma^*$ zu setzen ist.

Aus dieser Gestaltsfunktion der reflektierten Zusatzwelle $\mathfrak{Z}^{**}_{\mathfrak{Z}x}$ folgt wie oben:

$$
\begin{aligned}
\frac{\partial g^{**}_{\mathfrak{Z}}}{\partial\cos\beta^*} &= a\left[-\cos\vartheta_0^*\frac{\cos\beta^*}{\cos\alpha^*} + \sin\vartheta_0^*\cos\varphi_0^* - \frac{1}{2\pi}\frac{\lambda}{a}\cdot\right.\\
&\quad\left.\cdot\frac{N^4\cos^2\alpha^*}{(1-N^2)(\sin^2\alpha^*-N^2\cos^2\alpha)}\,\frac{\cos\beta^*(1-N^2)}{N^2\cos^3\alpha^*(\sin^2\alpha^*-N^2)^{1/2}}\right]\\
&= a\left[-\cos\vartheta_0^*\frac{\cos\beta^*}{\cos\alpha^*} + \sin\vartheta_0^*\cos\varphi_0^* - \frac{1}{2\pi}\frac{\lambda}{a}\cdot\right.\\
&\quad\left.\cdot\frac{N^2}{(\sin^2\alpha^*-N^2\cos^2\alpha^*)\sqrt{\sin^2\alpha^*-N^2}}\,\frac{\cos\beta^*}{\cos\alpha^*}\right]\\
\frac{\partial g^{**}_{\mathfrak{Z}}}{\partial\cos\gamma^*} &= a\left[-\cos\vartheta_0^*\frac{\cos\gamma^*}{\cos\alpha^*} + \sin\vartheta_0^*\sin\varphi_0^* - \frac{1}{2\pi}\frac{\lambda}{a}\cdot\right.\\
&\quad\left.\cdot\frac{N^2}{(\sin^2\alpha^*-N^2\cos^2\alpha^*)\sqrt{\sin^2\alpha^*-N^2}}\,\frac{\cos\gamma^*}{\cos\alpha^*}\right].
\end{aligned}
$$

Daraus folgen — in gleicher Weise wie oben bei Berechnung der Wellenflächenschar der Zusatzwelle $\mathfrak{Z}^*_x$ — die Gleichungen für die Wellenflächen der Zusatzwelle $\mathfrak{Z}^{**}_x$:

$$
\begin{aligned}
\xi^{**}_{\mathfrak{Z}} &= a\cos\vartheta_0^* + \frac{\lambda}{2\pi}\left\{\frac{N^2\sin\alpha^*\operatorname{tg}\alpha^*}{(\sin^2\alpha^*-N^2\cos^2\alpha^*)\sqrt{\sin^2\alpha^*-N^2}} - \operatorname{arc\,tg}\frac{\sqrt{\sin^2\alpha^*-N^2}}{N^2\cos\alpha^*} + \text{const}\right\}\cos\alpha^*\\
\eta^{**}_{\mathfrak{Z}} &= a\sin\vartheta_0^*\cos\varphi_0^* + \frac{\lambda}{2\pi}\left\{\frac{-N^2\cos\alpha^*}{(\sin^2\alpha^*-N^2\cos^2\alpha^*)\sqrt{\sin^2\alpha^*-N^2}} - \operatorname{arc\,tg}\frac{\sqrt{\sin^2\alpha^*-N^2}}{N^2\cos\alpha^*} + \text{const}\right\}\cos\beta^*\\
\zeta^{**}_{\mathfrak{Z}} &= a\sin\vartheta_0^*\sin\varphi_0^* + \frac{\lambda}{2\pi}\left\{\frac{-N^2\cos\alpha^*}{(\sin^2\alpha^*-N^2\cos^2\alpha^*)\sqrt{\sin^2\alpha^*-N^2}} - \operatorname{arc\,tg}\frac{\sqrt{\sin^2\alpha^*-N^2}}{N^2\cos\alpha^*} + \text{const}\right\}\cos\gamma^*.
\end{aligned}
\tag{7}
$$

Nun ist $\operatorname{arc\,tg}\frac{1}{W} = \frac{\pi}{2} - \operatorname{arc\,tg} W$ (oder auch $= 3\frac{\pi}{2} - \operatorname{arc\,tg} W$), so daß

$$
-\operatorname{arc\,tg}\frac{\sqrt{\sin^2\alpha^*-N^2}}{N^2\cos\alpha^*} = -\frac{\pi}{2} + \operatorname{arc\,tg}\frac{N^2\cos\alpha^*}{\sqrt{\sin^2\alpha^*-N^2}}.
$$

Setzen wir dies in die vorstehenden Gleichungen für $\xi^{**}_{\mathfrak{Z}}$, $\eta^{**}_{\mathfrak{Z}}$, $\zeta^{**}_{\mathfrak{Z}}$ ein, so erhalten wir Ausdrücke, die sich von denen, die wir für $\xi^*_{\mathfrak{Z}}$, $\eta^*_{\mathfrak{Z}}$, $\zeta^*_{\mathfrak{Z}}$ gewonnen haben, in der geschweiften Klammer nur um die Konstante $-\frac{\pi}{2}\left(\text{bzw. } -\frac{3\pi}{2}\right)$ unterscheiden. Da die Konstante aber willkürlich gewählt wird und durch ihre Variation die verschiedenen Wellenflächen des

Strahlenbündels ergibt, erhalten wir also für $\mathfrak{Z}^{**}_{Zx}$ die gleiche Schar von Wellenflächen wie für $\mathfrak{Z}^{*}_{Zx}$ mit dem einzigen Unterschied, daß sich die Phase der reflektierten Zusatzwellen auf gleichgelegenen Wellenflächen um $\frac{\pi}{2}$ unterscheidet. Es ergibt sich also für diese Zusatzwelle $\mathfrak{Z}^{**}_{Zx}$ die gleiche Schar von Wellenflächen wie für die Zusatzwelle $\mathfrak{Z}^{*}_{Zx}$, wie dies auch nicht anders zu erwarten war, da sich beide in dem die Phase angebenden Exponenten von e nur um die Phasenkonstante $\frac{\pi}{2}$ unterscheiden. Wohl aber unterscheiden sich bei den beiden Arten der Aufspaltung der „totalreflektierten" Welle in zwei Teilwellen $\mathfrak{Z}^{*}_{x} = \mathfrak{Z}^{*}_{Kx} + \mathfrak{Z}^{*}_{Zx}$ bzw. $\mathfrak{Z}^{*}_{x} = \mathfrak{Z}^{**}_{Kx} + \mathfrak{Z}^{**}_{Zx}$ die beiden Zusatzwellen $\mathfrak{Z}^{*}_{Zx}$ und $\mathfrak{Z}^{**}_{Zx}$ bezüglich der Amplitudenabhängigkeit der „Elementarwellen" von ihrer Neigung gegen die Schwingungsrichtung des Dipols. Während diese bei $\mathfrak{Z}^{*}_{Zx}$ durch

$$\psi^*(\cos\beta^*, \cos\gamma^*)\,\frac{-2\sqrt{\sin^2\alpha^* - N^2}}{\sqrt{(1-N^2)(\sin^2\alpha^* - N^2\cos^2\alpha^*)}}$$

bestimmt ist, ist sie bei $\mathfrak{Z}^{**}_{Zx}$ durch

$$\psi^*(\cos\beta^*, \cos\gamma^*)\,\frac{2N^2\cos\alpha^*}{\sqrt{(1-N^2)(\sin^2\alpha^* - N^2\cos^2\alpha^*)}}$$

bestimmt, worin der — an zweiter Stelle stehende — „Amplitudenfaktor" für $\sin\alpha^* = N$ den Wert 2, für $\sin\alpha^* \to 1$ den Wert 0 annimmt, während er ja bei $\mathfrak{Z}^{*}_{Zx}$ umgekehrt für $\sin\alpha^* = N$ den Wert 0, für $\sin\alpha^* \to 1$ den Wert -2 besitzt.

Endlich fragen wir noch nach den Wellenflächen der aus der Überlagerung der beiden Teilwellen $\mathfrak{Z}^{*}_{Kx} + \mathfrak{Z}^{*}_{Zx} = \mathfrak{Z}^{*}_{x}$ bzw. $\mathfrak{Z}^{**}_{Kx} + \mathfrak{Z}^{**}_{Zx} = \mathfrak{Z}^{*}_{x}$ durch Interferenz entstehenden *totalreflektierten Gesamt*welle $\mathfrak{Z}^{*}_{x}$.

Für diese ergibt sich, indem wir für $r_\parallel$ den oben $(1, 4_1)$ an erster Stelle angegebenen Ausdruck $e^{-2i\Delta_\parallel}$ mit $\operatorname{tg}\Delta_\parallel = +\frac{\sqrt{\sin^2\alpha^* - N^2}}{N^2\cos\alpha^*}$ benutzen, für den HERTZschen Vektor $\mathfrak{Z}^{*}_{x}$ der Ausdruck

$$\mathfrak{Z}^{*}_{x} = \frac{e^{i\omega t}}{k^2\sqrt{\varepsilon}}\iint \psi^*\, e^{-ik\left\{[\ldots*\ldots] + 2\frac{\lambda}{2\pi}\Delta_\parallel\right\}}\, d\Omega^*$$

mit

$$\operatorname{tg}\Delta_\parallel = +\frac{\sqrt{\sin^2\alpha^* - N^2}}{N^2\cos\alpha^*}.$$

Die zugehörige Gestaltsfunktion g^* lautet hier also

$$g^*(\beta^*, \gamma^*) = f^*(\cos\beta^*, \cos\gamma^*) - \frac{\lambda}{2\pi}\, 2\operatorname{arc\,tg}\frac{\sqrt{\sin^2\alpha^* - N^2}}{N^2\cos\alpha^*}$$

$$(8)\qquad g^*(\beta^*, \gamma^*) = a\Big[\cos\vartheta_0^*\cos\alpha^* + \sin\vartheta_0^*\cos\varphi_0^*\cos\beta^* + \sin\vartheta_0^*\sin\varphi_0^*\cos\gamma^* - \frac{1}{\pi}\,\frac{\lambda}{a}\operatorname{arc\,tg}\frac{\sqrt{\sin^2\alpha^* - N^2}}{N^2\cos\alpha^*}\Big].$$

Aus ihr ergibt sich die zugehörige Wellenflächenschar zu

$$\xi^* = a\cos\vartheta_0^* + \frac{\lambda}{2\pi}\left\{\frac{+2N^2\sin\alpha^*\operatorname{tg}\alpha^*}{(\sin^2\alpha^* - N^2\cos^2\alpha^*)\sqrt{\sin^2\alpha^* - N^2}} - 2\operatorname{arc\,tg}\frac{\sqrt{\sin^2\alpha^* - N^2}}{N^2\cos\alpha^*} + \text{const}\right\}\cos\alpha^*$$

$$(9)\qquad \eta^* = a\sin\vartheta_0^*\cos\varphi_0^* + \frac{\lambda}{2\pi}\left\{\frac{-2N^2\cos\alpha^*}{(\sin^2\alpha^* - N^2\cos^2\alpha^*)\sqrt{\sin^2\alpha^* - N^2}} - 2\operatorname{arc\,tg}\frac{\sqrt{\sin^2\alpha^* - N^2}}{N^2\cos\alpha^*} + \text{const}\right\}\cos\beta^*$$

$$\zeta^* = a\sin\vartheta_0^*\sin\varphi_0^* + \frac{\lambda}{2\pi}\left\{\frac{-2N^2\cos\alpha^*}{(\sin^2\alpha^* - N^2\cos^2\alpha^*)\sqrt{\sin^2\alpha^* - N^2}} - 2\operatorname{arc\,tg}\frac{\sqrt{\sin^2\alpha^* - N^2}}{N^2\cos\alpha^*} + \text{const}\right\}\cos\gamma^*.$$

Die Gleichungen dieser Wellenflächenschar stimmen im wesentlichen wieder mit denen der Wellenflächenschar der Zusatzwellen $\mathfrak{Z}^*_{\mathrm{Z}x}$ und $\mathfrak{Z}^{**}_{\mathrm{Z}x}$ überein mit dem Unterschied, daß die ganze Wellenflächenschar der reflektierten Gesamtwelle sich gewissermaßen in Richtung vom idealen Bildpunkt fort längs der reflektierten Einzelstrahlen derart verzerrt hat, daß die Projektionen jedes durch die Parameter (α^* und: const $= 0$) gegebenen Punktes auf die $\bar{\xi}$, $\bar{\eta}$, $\bar{\zeta}$-Achsen (mit Ursprungspunkt im idealen Bildpunkt) von dem idealen Bildpunkt-Projektionen auf jene Achsen bei der Wellenflächenschar der reflektierten Gesamtwelle doppelt so großen Abstand haben als bei der Wellenflächenschar der beiden Zusatzwellen $\mathfrak{Z}^*_{\mathrm{Z}x}$ bzw. $\mathfrak{Z}^{**}_{\mathrm{Z}x}$. Durch diese Verzerrung erhält natürlich die Wellenflächenschar — als Ganzes betrachtet — und jede einzelne einem *bestimmten* Wert der „const" zugeordnete Wellenfläche bei der reflektierten Gesamtwelle ein völlig anderes Aussehen als bei beiden Zusatzwellen $\mathfrak{Z}^*_{\mathrm{Z}x}$ und $\mathfrak{Z}^*_{\mathrm{Z}y}$, die ja beide untereinander völlig gleiche Wellenflächen besitzen und sich nur dadurch voneinander unterscheiden, daß gleichen Wellenflächen in beiden Zusatzwellen um $\frac{\pi}{2}$ verschiedene Phasen entsprechen.

Wählen wir in den Gleichungen (9) der Wellenflächenschar der reflektierten Gesamtwelle die Konstante so, daß ξ^* für einen bestimmten der α^*-Werte — etwa für α_1^* — den Wert 0 annimmt, setzen wir also

$$\text{const} = -\frac{2\pi}{\lambda} a \frac{\cos\vartheta_0^*}{\cos\alpha_1^*} + 2 \operatorname{arc\,tg} \frac{\sqrt{\sin^2\alpha_1^* - N^2}}{N^2 \cos\alpha_1^*} - \frac{2N^2 \sin\alpha_1^* \operatorname{tg}\alpha_1^*}{(\sin^2\alpha_1^* - N^2\cos^2\alpha_1^*)\sqrt{\sin^2\alpha_1^* - N^2}},$$

so ergeben sich die zugehörigen η^*, ζ^*-Werte zu

$$\eta_1^* = a\sin\vartheta_0^*\cos\varphi_0^* - a\cos\vartheta_0^*\frac{\cos\beta_1^*}{\cos\alpha_1^*} - \frac{\lambda}{2\pi}\frac{2N^2}{(\sin^2\alpha_1^* - N^2\cos^2\alpha_1^*)\sqrt{\sin^2\alpha_1^* - N^2}}\frac{\cos\beta_1^*}{\cos\alpha_1^*}$$

$$\zeta_1^* = a\sin\vartheta_0^*\sin\varphi_0^* - a\cos\vartheta_0^*\frac{\cos\gamma_1^*}{\cos\alpha_1^*} - \frac{\lambda}{2\pi}\frac{2N^2}{(\sin^2\alpha_1^* - N^2\cos^2\alpha_1^*)\sqrt{\sin^2\alpha_1^* - N^2}}\frac{\cos\gamma_1^*}{\cos\alpha_1^*}$$

oder mit

$$\varrho^* = \sqrt{(\eta^* - a\sin\vartheta_0^*\cos\varphi_0^*)^2 + (\zeta^* - a\sin\vartheta_0^*\sin\varphi_0^*)^2}$$

$$\varrho_1^* = -a\cos\vartheta_0^*\cdot\operatorname{tg}\alpha_1^* - \frac{\lambda}{2\pi}\frac{2N^2}{(\sin^2\alpha_1^* - N^2\cos^2\alpha_1^*)\sqrt{\sin^2\alpha_1^* - N^2}}\cdot\operatorname{tg}\alpha_1^*, \tag{10}$$

wobei zu beachten ist, daß — bei der zugrunde gelegten Wahl des Koordinatensystems — der Winkel α_1^* zwischen $\frac{\pi}{2}$ und π (oder auch zwischen $-\frac{\pi}{2}$ und $-\pi$) liegt, so daß $\operatorname{tg}\alpha_1^* < 0$ ist.

Wir erkennen, daß der unter dem Winkel α_1 (mit $\sin^2\alpha_1 \geqq N^2$) auf die Trennungsebene beider Medien einfallende Strahl nach der Totalreflexion herzukommen scheint von einem Punkte

$$\xi_1^* = a\cos\vartheta_0^* + \frac{\lambda}{2\pi}\frac{2N^2}{(\sin^2\alpha_1^* - N^2\cos^2\alpha_1^*)\sqrt{\sin^2\alpha_1^* - N^2}}$$

bzw. — auf das Koordinatensystem $\bar{\xi}$, $\bar{\eta}$, $\bar{\zeta}$ bezogen — vom Punkte

$$\bar{\xi}(\bar{\alpha}^*) = -\frac{\lambda}{\pi}\frac{N^2}{(\sin^2\bar{\alpha}^* - N^2\cos^2\bar{\alpha}^*)\sqrt{\sin^2\bar{\alpha}^* - N^2}},$$

also von einem Punkte, der auf der Verlängerung des vom Quellpunkt, dem Ort des HERTZschen Dipols, auf die Trennungsebene beider Medien gefällten Lotes liegt, und zwar — von dem Quellpunkt aus beurteilt — *hinter* dem „idealen Bildpunkt" des Dipols, von ihm um die Strecke

$$\Delta_s^* = \frac{\lambda}{\pi}\frac{N^2}{(\sin^2\alpha_1^* - N^2\cos^2\alpha_1^*)\sqrt{\sin^2\alpha_1^* - N^2}} \tag{11_1}$$

entfernt.

Wir sehen also, daß auch das totalreflektierte *Gesamt*strahlenbündel — *ebenso wie die Zusatzwellen* $\mathfrak{Z}^*_{z\,x}$ bzw. $\mathfrak{Z}^{**}_{z\,x}$ — *sphärische Aberration* (Δs^*) besitzt, und daß die reflektierten Strahlen des Gesamtstrahlenbündels die Trennungsebene beider Medien in Punkten zu schneiden scheinen, die vom Fußpunkt des vom Quellpunkt auf die Trennungsebene gefällten Lotes um

$$(11_2) \qquad -\frac{\lambda}{\pi}\,\frac{N^2\,\mathrm{tg}\,\alpha^*}{(\sin^2\alpha^* - N^2\cos^2\alpha^*)\sqrt{\sin^2\alpha^* - N^2}} \;(>0)$$

weiter entfernt liegen als der zugehörige einfallende Strahl (*Strahlverschiebung*), so daß bei Betrachtung nicht nur der Zusatzwellen allein, sondern auch der totalreflektierten Gesamtwelle die Totalreflexion so erfolgt, als fände sie erst an hinter der Trennungsebene beider Medien gelegenen und zur Trennungsebene *parallelen* Flächen*elementen* statt, deren Lagen mit Bezug auf das oben benutzte $\bar{x}$, $\bar{\varrho}$-System für die Gesamtwelle gegeben sind — in Abhängigkeit von dem Neigungswinkel $\bar{\alpha}^*$ der reflektierten Strahlen gegen die zum (vertikal zur Trennungsebene schwingenden) Dipol hinweisende Normale der Trennungsebene — durch die Koordinaten

$$(11_3) \qquad \begin{aligned} \bar{x}_{\mathrm{R.Fl.}} &= -\frac{\lambda}{2\pi}\,\frac{N^2}{(\sin^2\bar{\alpha}^* - N^2\cos^2\bar{\alpha}^*)\sqrt{\sin^2\bar{\alpha}^* - N^2}} \\ \bar{\varrho}_{\mathrm{R.Fl.}} &= a\cos\vartheta_0^*\,\mathrm{tg}\,\bar{\alpha}^* + \frac{\lambda}{2\pi}\,\frac{N^2\,\mathrm{tg}\,\bar{\alpha}^*}{(\sin^2\bar{\alpha}^* - N^2\cos^2\bar{\alpha}^*)\sqrt{\sin^2\bar{\alpha}^* - N^2}}, \end{aligned}$$

während sie für die oben besprochenen Zusatzwellen gegeben sind durch die Koordinatenwerte, die gleich der Hälfte der vorstehend angegebenen sind. Dabei bilden diese Flächenelemente in ihrer Gesamtheit aber *keine* eigentliche Fläche, an der die Strahlen etwa nach dem Reflexionsgesetz reflektiert würden, da alle diese einzelnen Flächenelemente ja zur Trennebene, und daher zueinander parallel anzunehmen sind.

Man kann das Ergebnis auch so ausdrücken: Jeder der Strahlen eines Strahlenbündels — das von einem senkrecht zur Trennungsebene zweier Medien schwingenden Dipol herrührt — erfährt bei der Totalreflexion an jener Trennungsebene außer der eigentlichen Reflexion noch eine Strahl*verschiebung* parallel zur Trennebene beider Medien in der Einfallsebene des Strahles, die von der Neigung des einfallenden und demnach auch des reflektierten Strahles gegen das Einfallslot abhängt und bei der *Gesamtwelle* den Betrag (11_2), bei den oben besprochenen Zusatzwellen einen halb so großen Betrag besitzt und eine Strahlverschiebung in Richtung *vom Fußpunkt* des von der Lichtquelle auf die Trennungsebene gefällten Lotes *fort* darstellt.

§ 3. Übertragung der Formeln des § 2 auf Medien mit von 1 verschiedener relativer Permeabilität

Bei den vorhergehenden Überlegungen und Ableitungen haben wir stillschweigend angenommen, daß $\mu = \mu'(=1)$ gesetzt werden konnte. Das ist sicher nicht in allen Fällen erlaubt, insbesondere nicht, wenn wir die Untersuchungen nicht auf lichtoptische Wellen beschränken wollen, sondern auch an beliebige elektromagnetische Wellen und an beliebige Medien denken.

In diesen Fällen ändern sich die Formeln für die Reflexionskoeffizienten $r_\parallel$ und $r_\perp$. Setzen wir wieder $N = \frac{n'}{n} = \frac{\sqrt{\varepsilon'\mu'}}{\sqrt{\varepsilon\mu}}$ und bezeichnen wir außerdem das Verhältnis $\frac{\mu'}{\mu}$ der magnetischen Permeabilitäten der beiden aneinandergrenzenden Medien durch $M = \frac{\mu'}{\mu}$, so lautet die Formel für $r_\parallel$ mit $\sqrt{} = \sqrt{}_+$:

$$r_\parallel = \frac{N^2 \cos\alpha + i M \sqrt{\sin^2\alpha - N^2}}{N^2 \cos\alpha - i M \sqrt{\sin^2\alpha - N^2}} = e^{-2i\Delta_\parallel} = \frac{N^2 \cos\alpha^* - i M \sqrt{\sin^2\alpha^* - N^2}}{N^2 \cos\alpha^* - i M \sqrt{\sin^2\alpha^* - N^2}}$$

(1)

mit
$$\operatorname{tg}\Delta_\parallel = -\frac{M \sqrt{\sin^2\alpha - N^2}}{N^2 \cos\alpha} = +\frac{M \sqrt{\sin^2\alpha^* - N^2}}{N^2 \cos\alpha^*}$$

bzw.

$$r_\parallel = 1 - 2 \frac{M \sqrt{\sin^2\alpha^* - N^2}}{\sqrt{(1 - N^2)(M^2 \sin^2\alpha^* - N^2 \cos^2\alpha^*) + (1 - M^2) N^2 \cos^2\alpha^*}} e^{i\delta_\parallel}$$

(2)

mit
$$\operatorname{tg}\delta_\parallel = + \frac{N^2 \cos\alpha^*}{M \sqrt{\sin^2\alpha^* - N^2}}$$

bzw.

$$r_\parallel = -1 - 2 \frac{N^2 \cos\alpha^*}{\sqrt{(1 - N^2)(M^2 \sin^2\alpha^* - N^2 \cos^2\alpha^*) + (1 - M^2) N^2 \cos^2\alpha^*}} e^{-i\Delta_\parallel}$$

(3)

mit
$$\operatorname{tg}\Delta_\parallel = + \frac{M \sqrt{\sin^2\alpha^* - N^2}}{N^2 \cos\alpha^*}$$

Man erkennt dies leicht, wenn man beachtet, daß bei von 1 verschiedener Permeabilität die FRESNELschen Reflexions- und Brechungsformeln die Form annehmen:

$$r_\parallel = \frac{m' \cos\alpha - m \cos\alpha'}{m' \cos\alpha + m \cos\alpha'}, \quad r_\perp = \frac{m \cos\alpha - m' \cos\alpha'}{m \cos\alpha + m' \cos\alpha'},$$

(4)

$$d_\parallel = \frac{2m \cos\alpha}{m' \cos\alpha + m \cos\alpha'}, \quad d_\perp = \frac{2m \cos\alpha}{m \cos\alpha + m' \cos\alpha'},$$

worin $m = \sqrt{\frac{\varepsilon}{\mu}}$, $m' = \sqrt{\frac{\varepsilon'}{\mu'}}$, während ja $n = \sqrt{\varepsilon \mu}$, $n' = \sqrt{\varepsilon' \mu'}$ ist, so daß für $\mu = 1$ bzw. $\mu' = 1$ die Größe m in n und m' in n' übergeht und sich dann die üblichen Formeln für $r_\parallel$, $r_\perp$, $d_\parallel$, $d_\perp$ ergeben.

Mit den angegebenen, für Totalreflexion in permeabilen Medien geltenden Werten von $r_\parallel$ folgen dann sofort für die totalreflektierte *Gesamt*welle *bzw.* — bei Aufspaltung dieser Gesamtwelle *in eine* phasen*gleiche bzw.* phasen*entgegengesetzte* reflektierte *Kugelwelle* mit einer der einfallenden Welle gleichen Amplitudenverteilung *und in eine* zugehörige *Zusatzwelle* — für die betreffenden *Zusatz*wellen die Gestaltsfunktionen

$$g^*(\beta^*, \gamma^*) = f^*(\cos\beta^*, \cos\gamma^*) - \frac{\lambda}{2\pi} \cdot 2 \operatorname{arc\,tg} \frac{M \sqrt{\sin^2\alpha^* - N^2}}{N^2 \cos\alpha^*}$$

bzw.

(5)
$$g_Z^*(\beta^*, \gamma^*) = f^*(\cos\beta^*, \cos\gamma^*) + \frac{\lambda}{2\pi} \cdot \operatorname{arc\,tg} \frac{N^2 \cos\alpha^*}{M \sqrt{\sin^2\alpha^* - N^2}}$$

bzw.

$$g_Z^{**}(\beta^*, \gamma^*) = f^*(\cos\beta^*, \cos\gamma^*) - \frac{\lambda}{2\pi} \cdot \operatorname{arc\,tg} \frac{M \sqrt{\sin^2\alpha^* - N^2}}{N^2 \cos\alpha^*}.$$

Aus diesen Gestaltsfunktionen leitet man wieder die Gleichungen der Wellenflächenschar der betreffenden reflektierten Wellen ab und erhält

$$\xi^* = a \cos\vartheta_0^* + \frac{\lambda}{2\pi} \left\{ \frac{2 M N^2 \sin\alpha^* \operatorname{tg}\alpha^*}{\left(\sin^2\alpha^* - N^2 \cos^2\alpha^* - \frac{1 - M^2}{1 - N^2} \sin^2\alpha^*\right) \sqrt{\sin^2\alpha^* - N^2}} - 2 \operatorname{arc\,tg} \frac{M \sqrt{\sin^2\alpha^* - N^2}}{N^2 \cos\alpha^*} + \text{const} \right\} \cos\alpha^*$$

(6)
$$\eta^* = a \sin\vartheta_0^* \cos\varphi_0^* + \frac{\lambda}{2\pi}\left\{\frac{-2M\,N^2\cos\alpha^*}{\left(\sin^2\alpha^* - N^2\cos^2\alpha^* - \frac{1-M^2}{1-N^2}\sin^2\alpha^*\right)\sqrt{\sin^2\alpha^* - N^2}} - 2\,\mathrm{arc\,tg}\,\frac{M\sqrt{\sin^2\alpha^* - N^2}}{N^2\cos\alpha^*} + \mathrm{const}\right\}\cos\beta^*$$

$$\zeta^* = a \sin\vartheta_0^* \sin\varphi_0^* + \frac{\lambda}{2\pi}\left\{\frac{-2M\,N^2\cos\alpha^*}{\left(\sin^2\alpha^* - N^2\cos^2\alpha^* - \frac{1-M^2}{1-N^2}\sin^2\alpha^*\right)\sqrt{\sin^2\alpha^* - N^2}} - 2\,\mathrm{arc\,tg}\,\frac{M\sqrt{\sin^2\alpha^* - N^2}}{N^2\cos\alpha^*} + \mathrm{const}\right\}\cos\gamma^*$$

bzw.

$$\xi_{\mathrm{Z}}^* = a \cos\vartheta_0^* + \frac{\lambda}{2\pi}\left\{\frac{M\,N^2\sin\alpha^*\,\mathrm{tg}\,\alpha^*}{\left(\sin^2\alpha^* - N^2\cos^2\alpha^* - \frac{1-M^2}{1-N^2}\sin^2\alpha^*\right)\sqrt{\sin^2\alpha^* - N^2}} + \mathrm{arc\,tg}\,\frac{N^2\cos\alpha^*}{M\sqrt{\sin^2\alpha^* - N^2}} + \mathrm{const}\right\}\cos\alpha^*$$

(7)
$$\eta_{\mathrm{Z}}^* = a \sin\vartheta_0^* \cos\varphi_0^* + \frac{\lambda}{2\pi}\left\{\frac{-M\,N^2\cos\alpha^*}{\left(\sin^2\alpha^* - N^2\cos^2\alpha^* - \frac{1-M^2}{1-N^2}\sin^2\alpha^*\right)\sqrt{\sin^2\alpha^* - N^2}} + \mathrm{arc\,tg}\,\frac{N^2\cos\alpha^*}{M\sqrt{\sin^2\alpha^* - N^2}} + \mathrm{const}\right\}\cos\beta^*$$

$$\zeta_{\mathrm{Z}}^* = a \sin\vartheta_0^* \sin\varphi_0^* + \frac{\lambda}{2\pi}\left\{\frac{-M\,N^2\cos\alpha^*}{\left(\sin^2\alpha^* - N^2\cos^2\alpha^* - \frac{1-M^2}{1-N^2}\sin^2\alpha^*\right)\sqrt{\sin^2\alpha^* - N^2}} + \mathrm{arc\,tg}\,\frac{N^2\cos\alpha^*}{M\sqrt{\sin^2\alpha^* - N^2}} + \mathrm{const}\right\}\cos\gamma^*$$

bzw.

$$\xi_{\mathrm{Z}}^{**} = a \cos\vartheta_0^* + \frac{\lambda}{2\pi}\left\{\frac{M\,N^2\sin\alpha^*\,\mathrm{tg}\,\alpha^*}{\left(\sin^2\alpha^* - N^2\cos^2\alpha^* - \frac{1-M^2}{1-N^2}\sin^2\alpha^*\right)\sqrt{\sin^2\alpha^* - N^2}} - \mathrm{arc\,tg}\,\frac{M\sqrt{\sin^2\alpha^* - N^2}}{N^2\cos\alpha^*} + \mathrm{const}\right\}\cos\alpha^*$$

(8)
$$\eta_{\mathrm{Z}}^{**} = a \sin\vartheta_0^* \cos\varphi_0^* + \frac{\lambda}{2\pi}\left\{\frac{-M\,N^2\cos\alpha^*}{\left(\sin^2\alpha^* - N^2\cos^2\alpha^* - \frac{1-M^2}{1-N^2}\sin^2\alpha^*\right)\sqrt{\sin^2\alpha^* - N^2}} - \mathrm{arc\,tg}\,\frac{M\sqrt{\sin^2\alpha^* - N^2}}{N^2\cos\alpha^*} + \mathrm{const}\right\}\cos\beta^*$$

$$\zeta_{\mathrm{Z}}^{**} = a \sin\vartheta_0^* \sin\varphi_0^* + \frac{\lambda}{2\pi}\left\{\frac{-M\,N^2\cos\alpha^*}{\left(\sin^2\alpha^* - N^2\cos^2\alpha^* - \frac{1-M^2}{1-N^2}\sin^2\alpha^*\right)\sqrt{\sin^2\alpha^* - N^2}} - \mathrm{arc\,tg}\,\frac{M\sqrt{\sin^2\alpha^* - N^2}}{N^2\cos\alpha^*} + \mathrm{const}\right\}\cos\gamma^*$$

Aus diesen Gleichungen folgen dann für die reflektierte Gesamtwelle bzw. für die bei der Zerlegung dieser Gesamtwelle in reflektierte Kugelwelle und Zusatzwelle sich ergebende Zusatzwelle 1. bzw. 2. Art die Strahlverschiebungen sowie die sphärische Aberration dieser Wellen. Wir erhalten im wesentlichen die gleichen Resultate wie unter der Voraussetzung von Medien der magnetischen Permeabilität 1 mit dem Unterschied, daß in den dort für die Schnittpunkte ξ_1 bzw. ϱ_1 der Strahlen der Richtung α_1^* mit der Verlängerung des vom (senkrecht zur Trennungsebene beider Medien schwingenden) Dipol auf die Trennungsebene gefällten Lotes bzw. mit der Trennungsebene selbst angegebenen Werten das N^2 im Zähler der Brüche durch $M N^2$ und im Nenner der Brüche das dort auftretende $(\sin^2\alpha^* - N^2 \cos^2\alpha^*)$ durch $(\sin^2\alpha^* - N^2 \cos^2\alpha^* - \frac{1-M^2}{1-N^2}\sin^2\alpha^*)$ zu ersetzen ist.

Die vorstehend angegebenen Formeln gelten prinzipiell natürlich auch, wenn es sich bei den beiden Medien oder doch bei einem von ihnen um absorbierende Medien handelt, wenn wir beachten, daß dann ε und (bzw. oder) ε' und demnach auch $N = \sqrt{\frac{\varepsilon' \mu'}{\varepsilon \mu}}$, also auch $N^2 = \frac{\varepsilon' \mu'}{\varepsilon \mu}$ komplex sind. Natürlich ändert sich dadurch die physikalisch-anschauliche Deutung der Vorgänge, da wir N durch $N + i k$, also N^2 durch $(N^2 - k^2) + 2 i N k$ zu ersetzen haben, was eine zusätzliche Phasenänderung und Amplitudenänderung der einzelnen sich überlagernden ebenen Wellen bedeutet, wobei die Phasenänderung der einzelnen ebenen Wellen, der ,,Elementarwellen'' verschiedener Richtung, in ihrer Summation (Integration) eine weitere Deformation der reflektierten Gesamtwelle und damit eine weitere Verschiebung der zugehörigen Strahlen der verschiedenen Richtungen α^* bedeutet, also eine andere Strahlverschiebung ergibt. Doch wollen wir an dieser Stelle nicht näher darauf eingehen, sondern dies einer weiteren Arbeit — eines meiner Mitarbeiter — vorbehalten.

§ 4. Anwendung der Formeln des § 2 auf ein spezielles Beispiel

Zur Illustrierung der formelmäßigen Ergebnisse des § 2 betrachten wir die Vorgänge bei der Totalreflexion einer Kugelwelle an der Trennungsebene zweier nichtabsorbierender Medien, die beide die gleiche Permeabilität besitzen ($\mu = \mu'$; $M = 1$) und das Brechungsverhältnis $\frac{n'}{n} = \sqrt{\frac{\varepsilon' \mu'}{\varepsilon \mu}} = \sqrt{\frac{\varepsilon'}{\varepsilon}} = N$ haben, wobei wir — zum Vergleich mit der Arbeit von MAECKER (s. o.) — für N den Wert $\frac{1}{1{,}52} = 0{,}6579$ gewählt haben.

Abb. 5 gibt — in Abhängigkeit vom Einfallswinkel der einzelnen ,,Strahlen'' der einfallenden Kugelwelle — die nach Gleichung (2.4_3) berechneten Werte der ,,Strahlverschiebung'' der Zusatzwelle $\mathfrak{Z}^*_{zx}$ bzw. $\mathfrak{Z}^{**}_{zx}$ — für die ja nach S. 24 die gleichen Verhältnisse vorliegen — in der Trennungsebene beider Medien für den hier behandelten Fall, daß wir es mit einem zur Trennungsebene senkrechten Dipol zu tun haben (Kurve 1), in dem *alle* ebenen Elementarwellen *senkrecht* zu *ihrer* Einfallsebene *polarisiert* sind, bei denen $\mathfrak{E}$ also *parallel* zu *ihrer* Einfallsebene schwingt, sowie in Kurve 2 die aus Gleichung (2.4_4) folgende ,,Eindringtiefe'' jener Strahlen in das zweite (dünnere) Medium, die gleich der Hälfte des Betrages der (zugehörigen) sphärischen Aberration (2.3_1) des betreffenden Strahles der totalreflektierten Zusatzwelle $\mathfrak{Z}^*_x$ bzw. $\mathfrak{Z}^{**}_x$ ist.

Für die (nicht aufgespalten gedachte) totalreflektierte Gesamtwelle $\mathfrak{Z}^*_x$ besitzt nach Gleichung (2.11) bzw. (2.10) die ,,Strahlverschiebung'' der einzelnen Strahlen sowie deren ,,Eindringtiefe'' einen doppelt so großen Betrag wie für die bei den beiden Arten der ,,Aufspaltung'' auftretenden Zusatzwellen $\mathfrak{Z}^*_{zx}$ bwz. $\mathfrak{Z}^{**}_{zx}$.

Für den erst in Teil II dieser Arbeit zu behandelnden Fall, daß der strahlende Dipol, d. h. der zugehörige HERTZsche Vektor $\mathfrak{Z} = \mathfrak{Z}_y$ parallel zur Trennungsebene beider Medien liegt, besitzen die einzelnen — durch ihre Integration die Kugelwelle ergebenden — ebenen Teilwellen Schwingungsebenen, die — wie wir sehen werden — gegen *ihre* Einfallsebene derart geneigt sind, daß in diesem Fall der zugehörige elektrische Schwingungsvektor $\mathfrak{E}$ sowohl eine zur Einfallsebene der betreffenden ebenen Teilwelle (Elementarwelle) parallele als auch eine zu ihrer Einfallsebene senkrechte Komponente besitzt, also in je zwei zueinander senkrecht polarisierte Teilwellen gleicher Fortpflanzungsrichtung und demnach gleicher Einfallsebene aufgespalten werden kann, von denen die eine senkrecht, die andere parallel zu ihrer Einfallsebene polarisiert ist, deren $\mathfrak{E}$ also parallel bzw. senkrecht zur Einfallsebene schwingt.

In Abb. 5 sind daher auch für die ebenen Teilwellen mit zu ihrer Einfallsebene *senkrecht* schwingendem $\mathfrak{E}$, d. h. für die zugehörigen Strahlen, die „Strahlverschiebungen“ (Kurve 3) sowie die „Eindringtiefen“ (Kurve 4) eingezeichnet, die sich für die in diesem Fall gleich-

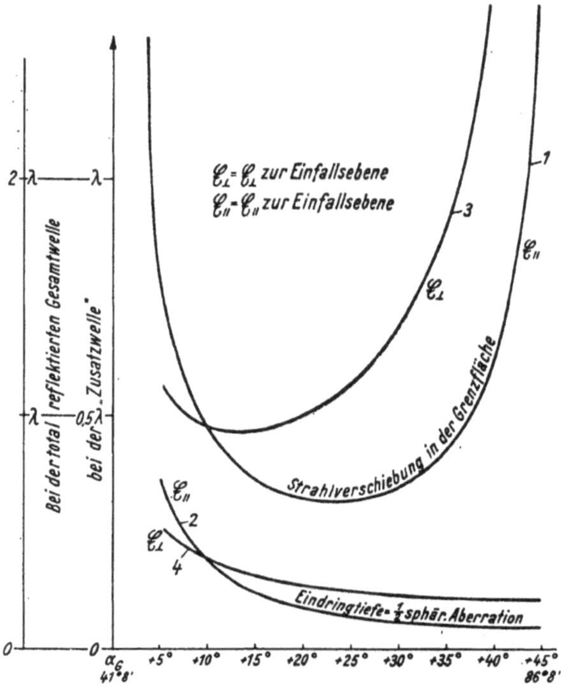

Abb. 5. Strahlverschiebung in der Einfallsebene und scheinbare Eindringtiefe in das zweite Medium der reflektierten „Gesamtwelle“ bzw. der „Zusatzwelle“ in Abhängigkeit vom Einfallswinkel $\geqq$ dem Grenzwinkel der Totalreflexion, und zwar für die beiden Fälle, daß $\mathfrak{E}\perp$ zur Einfallsebene bzw. daß $\mathfrak{E}\parallel$ zur Einfallsebene schwingt.

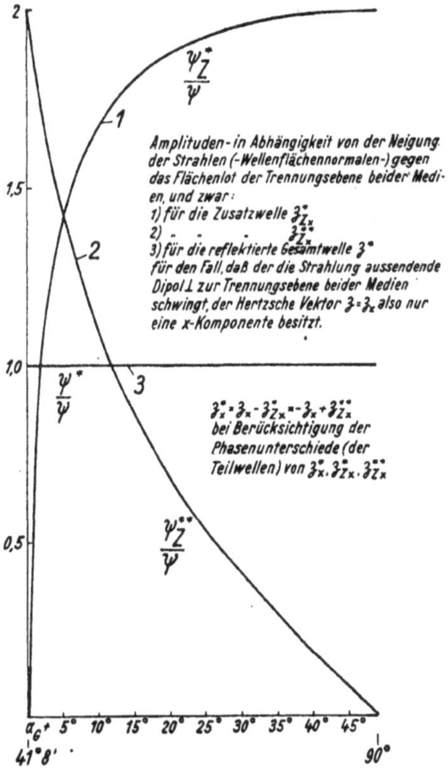

Abb. 6. Abhängigkeit des Verhältnisses der Amplitude der reflektierten Welle bzw. der Zusatzwelle „erster“ und „zweiter“ Art zur Amplitude der einfallenden Welle in Abhängigkeit vom Einfallswinkel ($\geqq$ dem Grenzwinkel der Totalreflexion) für den Fall, daß der strahlende Dipol senkrecht zur Trennungsebene schwingt.

falls auftretenden „Zusatzwellen“ ergeben, wenn man die totalreflektierte Welle wieder in eine der einfallenden Kugelwelle amplitudengleiche und phasengleiche *bzw.* phasenentgegengesetzte regulär reflektierte Kugelwelle und in eine deformierte Zusatzwelle aufspaltet, deren $\mathfrak{E}$ dann gleichfalls zur Einfallsebene der betreffenden Zusatzwelle geneigt schwingt.

Auch in diesem Fall besitzen „Strahlverschiebung“, „Eindringtiefe“ und „sphärische Aberration“ — die wieder doppelt so groß wie die zugehörige Eindringtiefe ist — für die nicht aufgespaltene totalreflektierte Gesamtwelle die doppelten Werte wie für die „Zusatzwellen“.

Abb. 6 gibt in Kurve 1 das Verhältnis der *Amplitude* der Zusatzwelle $\mathfrak{Z}^*_{\mathrm{z}x}$ zu der der einfallenden Welle in Abhängigkeit vom Betrage des Einfallswinkels (Betrag des Reflexionswinkels) der einzelnen Strahlen, während Kurve 2 entsprechend für die Zusatzwelle $\mathfrak{Z}^*_{\mathrm{z}x}$ und Kurve 3 für die reflektierte Gesamtwelle gilt, und zwar für den hier behandelten Fall, daß der strahlende Dipol senkrecht zur Trennungsebene beider Medien schwingt und wieder $N = \frac{1}{1{,}52}$, $M = 1$ angenommen wurde.

Abb. 7 zeigt uns — gleichfalls für den hier betrachteten Fall eines senkrecht zur Trennungsebene beider Medien schwingenden Dipols als Strahler — das den reflektierten Zusatzwel-

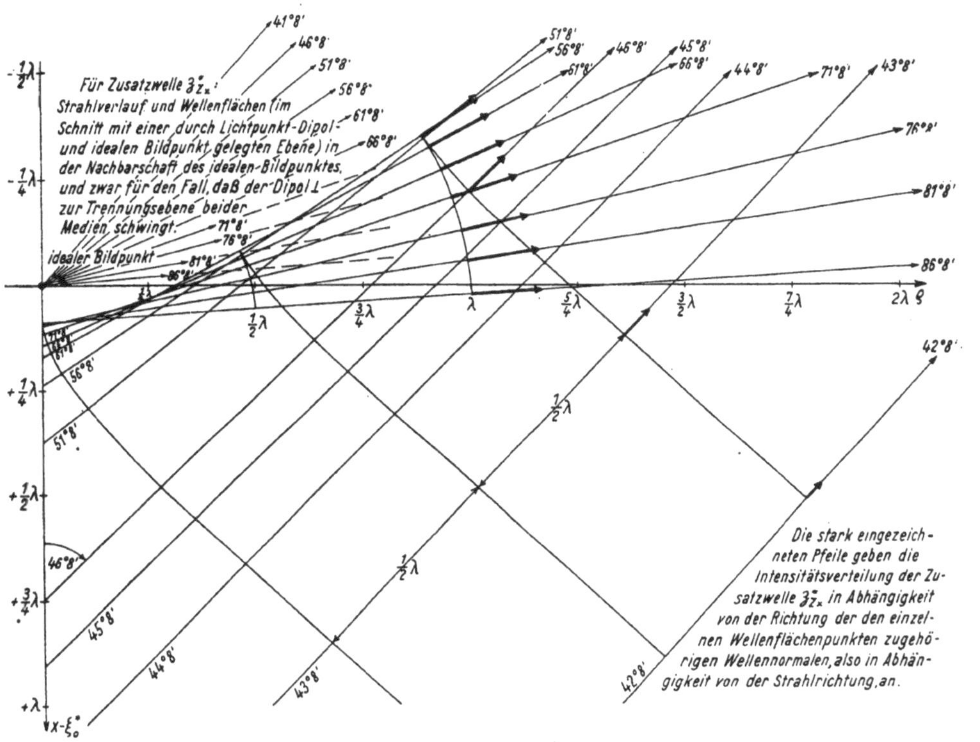

Abb. 7. „Strahlen", Wellenflächen und Intensitätsverteilung (in Abhängigkeit von der Strahlrichtung) der Zusatzwelle $\mathfrak{Z}^{**}_{\mathrm{z}x}$ sowie der Zusatzwelle $\mathfrak{Z}^{**}_{\mathrm{z}x}$ der aus einer einfallenden Kugelwelle hervorgehenden, an einer ebenen Grenzfläche totalreflektierten Welle, falls die einfallende Kugelwelle von einem senkrecht zur Grenzfläche schwingenden Dipol ausgesandt wird. Dabei geht die eingezeichnete ϱ-Achse parallel zur Grenzfläche durch den „idealen" Bildpunkt des Quellpunktes (Dipols). Die gestrichelten „Strahlen" entsprechen den Strahlen der „ideal" reflektierten Kugelwelle. Durch Interferenz dieser ideal reflektierten Welle und der einen (bzw. der anderen) Zusatzwelle ergibt sich die „totalreflektierte" Gesamtwelle.

len $\mathfrak{Z}^*_{\mathrm{z}x}$ und $\mathfrak{Z}^{**}_{\mathrm{z}x}$ entsprechende, mit sphärischer Aberration behaftete Strahlenbündel sowie einige (3) der zugehörigen Wellenflächen, wie sie sich aus (2.1) für const $= 0$, $-0{,}5\,\lambda$ und $+0{,}5\,\lambda$ ergeben. Es handelt sich hier also um die Darstellung der reflektierten Zusatzwellen in der Nähe des zugehörigen „idealen Bildpunktes", der sich an der Stelle (0.0) befindet. Ferner sind — gestrichelt — die entsprechenden Strahlen der „ideal" reflektierten Kugelwelle eingezeichnet.

Abb. 7 gibt gleichzeitig die entsprechende Darstellung der Wellenflächen und Strahlen der totalreflektierten Gesamtwelle, wenn wir in ihr statt λ überall 2λ schreiben, also die Maß*einheit* halb so groß wählen, als es in Abb. 7 geschehen ist.

In Abb. 7 ist außerdem die richtungsabhängige Intensitätsverteilung der Zusatzwelle $\mathfrak{Z}^*_{Zx}$ der totalreflektierten Welle durch die Länge der in Richtung der Strahlen verstärkt eingezeichneten Pfeile angegeben, wobei der Belegungsfaktor ψ der einfallenden Welle $\mathfrak{Z}_x$ gleich 1 angenommen wurde. Man erkennt hieran — obwohl es sich nur um geometrisch-optische Folgerungen aus den beugungstheoretisch gewonnenen Formeln handelt — besonders deutlich die verhältnismäßig hohe Intensität der zur Trennungsebene beider Medien wenig geneigten Strahlrichtungen, der sogenannten Flankenwelle.

Teil II

Parallel zur Trennungsebene schwingender Dipol

§ 5. Formeln für die Totalreflexion einer Kugelwelle, deren Hertzscher Vektor parallel zur Trennungsebene (des optisch dichteren vom optisch dünneren Medium) liegt

Wir untersuchen jetzt den Vorgang der Totalreflexion für den Fall, daß der die Strahlung aussendende Dipol an der Stelle

$$(\xi_0, \eta_0, \zeta_0) = \{a \cos\vartheta_0, a \sin\vartheta_0 \cos\varphi_0, a \sin\vartheta_0 \sin\varphi_0\}$$

mit

$$a = \text{const} > 0, \quad 0 \leqq \vartheta_0 = \text{const} \leqq \pi, \quad 0 \leqq \varphi_0 = \text{const} \leqq 2\pi$$

parallel zur Trennungsebene beider Medien schwingt. Für die einfallende Welle gelten dann — wenn wir die y-Achse des Koordinatensystems parallel zum schwingenden Dipol voraussetzen, was keine Einschränkung der Allgemeingültigkeit bedeutet — die Gleichungen:

$$\mathfrak{Z}_x = 0, \quad \mathfrak{Z}_y = \frac{e^{i\omega t}}{k^2\sqrt{\varepsilon}} \int\int \psi\, e^{-ik[\ldots]}\, d\Omega, \quad \mathfrak{Z}_z = 0$$

$$\mathfrak{E}_x = -\frac{e^{i\omega t}}{\sqrt{\varepsilon}} \int\int \psi \cos\alpha \cos\beta\, e^{-ik[\ldots]}\, d\Omega$$

$$\mathfrak{E}_y = +\frac{e^{i\omega t}}{\sqrt{\varepsilon}} \int\int \psi \sin^2\beta\, e^{-ik[\ldots]}\, d\Omega$$

$$\mathfrak{E}_z = -\frac{e^{i\omega t}}{\sqrt{\varepsilon}} \int\int \psi \cos\beta \cos\gamma\, e^{-ik[\ldots]}\, d\Omega$$

$$\mathfrak{H}_x = -\frac{e^{i\omega t}}{\sqrt{\mu}} \int\int \psi \cos\gamma\, e^{-ik[\ldots]}\, d\Omega$$

$$\mathfrak{H}_y = 0$$

$$\mathfrak{H}_z = +\frac{e^{i\omega t}}{\sqrt{\mu}} \int\int \psi \cos\alpha\, e^{-ik[\ldots]}\, d\Omega$$

mit — wie in § 1 —

$$[\ldots] = [x_P \cos\alpha + y_P \cos\beta + z_P \cos\gamma - f(\cos\beta, \cos\gamma)]$$

$$f(\cos\beta, \cos\gamma) = a \cos\vartheta_0 \cos\alpha + a \sin\vartheta_0 \cos\varphi_0 \cos\beta + a \sin\vartheta_0 \sin\varphi_0 \cos\gamma$$

$$d\Omega = \frac{d(\cos\beta)\, d(\cos\gamma)}{\cos\alpha}.$$

Transformieren wir hier die einzelnen sich superponierenden ebenen Teilwellen — jede für sich — auf ein (x', y', z')-System, dessen x'-Achse mit der Ausbreitungsrichtung der betreffenden Teilwelle zusammenfällt und durch das Transformationsschema

	x'	y'	z'
x	$\cos\alpha$	$-\frac{\cos\alpha \cos\beta}{\sin\beta}$	$-\frac{\cos\gamma}{\sin\beta}$
y	$\cos\beta$	$\sin\beta$	0
z	$\cos\gamma$	$-\frac{\cos\gamma \cos\beta}{\sin\beta}$	$\frac{\cos\alpha}{\sin\beta}$

gegeben ist, so erhalten wir für die Teilwelle der Richtung $\{\cos\alpha, \cos\beta, \cos\gamma\}$

$$\mathfrak{E}_{x'} = 0 \qquad \mathfrak{H}_{x'} = 0$$

$$\mathfrak{E}_{y'} = + \frac{e^{i\omega}}{\sqrt{\varepsilon}} \psi \sin\beta\, e^{-ik[x'-f]} \qquad \mathfrak{H}_{y'} = 0$$

$$\mathfrak{E}_{z'} = 0 \qquad \mathfrak{H}_{z'} = + \frac{e^{i\omega t}}{\sqrt{\varepsilon}} \psi \sin\beta\, e^{-ik[x'-f]}.$$

Die richtungsabhängige Amplitude der sich durch gegenseitige Überlagerung zur Kugelwelle des strahlenden Dipols zusammensetzenden ebenen Teilwellen ist also proportional zu $\sin\beta$, d. h. zur Neigung gegen die Schwingungsrichtung des Dipols, wie dies ja der Fall sein muß.

Transformieren wir jede einzelne der ebenen Teilwellen statt auf das (x', y', z')-System auf ein für die betreffende Teilwelle zweckentsprechend gewähltes (x'', y'', z'')-System, das jetzt durch das Transformationsschema

	x''	y''	z''
x	1	0	0
y	0	$\frac{\cos\beta}{\sin\alpha}$	$-\frac{\cos\gamma}{\sin\alpha}$
z	0	$\frac{\cos\gamma}{\sin\alpha}$	$\frac{\cos\beta}{\sin\alpha}$

bestimmt sei und dessen x''-Achse mit der ursprünglichen x-Achse, also der vom ersten ins zweite Medium weisenden Normalen der Trennungsebene beider Medien zusammenfällt, während die z''-Achse die Schnittlinie der (y, z)-Ebene mit der (ebenen) Wellenfläche der betreffenden ebenen Teilwelle ist, die (x'', y'')-Ebene also ihre Einfallsebene bildet, so wird — wenn wir die Amplitudenfaktoren gleich zweckentsprechend schreiben —

$$\mathfrak{E}_{x''} = - \frac{e^{i\omega t}}{\sqrt{\varepsilon}} \psi \frac{\cos\alpha\cos\beta}{\sin\alpha} \sin\alpha\, e^{-ik[---]}$$

$$\mathfrak{E}_{y''} = + \frac{e^{i\omega t}}{\sqrt{\varepsilon}} \psi \frac{\cos\alpha\cos\beta}{\sin\alpha} \cos\alpha\, e^{-ik[---]}$$

$$\mathfrak{E}_{z''} = - \frac{e^{i\omega t}}{\sqrt{\varepsilon}} \psi \frac{\cos\gamma}{\sin\alpha}\, e^{-ik[---]}$$

$$\mathfrak{H}_{x''} = - \frac{e^{i\omega t}}{\sqrt{\mu}} \psi \frac{\cos\gamma}{\sin\alpha} \sin\alpha\, e^{-ik[---]}$$

$$\mathfrak{H}_{y''} = + \frac{e^{i\omega t}}{\sqrt{\mu}} \psi \frac{\cos\gamma}{\sin\alpha} \cos\alpha\, e^{-ik[---]}$$

$$\mathfrak{H}_{z''} = + \frac{e^{i\omega t}}{\sqrt{\mu}} \psi \frac{\cos\alpha\cos\beta}{\sin\alpha}\, e^{-ik[---]}$$

mit

$$[---] = x_P'' \cos\alpha + y_P'' \sin\alpha - f(\cos\beta, \cos\gamma).$$

Wir haben es in diesem Fall — Dipol parallel zur Trennungsebene — also mit einer Kugelwelle zu tun, deren ebene Teilwellen, Elementarwellen, linear polarisierte Wellen sind, deren Polarisationsrichtung — in Abhängigkeit von ihrer Fortpflanzungsrichtung — gegen ihre Einfallsebene unter dem Winkel ω geneigt ist, wo ω bestimmt ist durch

$$\cos\omega = \frac{\cos\alpha\cos\beta}{\sin\alpha\sin\beta} \quad \text{und} \quad \sin\omega = \frac{\cos\gamma}{\sin\alpha\sin\beta},$$

wenn wir noch beachten, daß die Amplitude der in Richtung $\{\alpha, \beta, \gamma\}$ gegen das (x, y, z)-System sich ausbreitenden ebenen Teilwelle durch $\psi\sin\beta$ bestimmt war.

$\mathfrak{E}_{x''}$, $\mathfrak{E}_{y''}$, $\mathfrak{H}_{z''}$ bildet demnach eine *senkrecht* zu *ihrer* Einfallsebene *linear polarisierte* ebene Teilwelle ($\mathfrak{E}_\parallel$) der Amplitude $\psi \frac{\cos\alpha \cos\beta}{\sin\alpha}$, während $\mathfrak{E}_{z''}$, $\mathfrak{H}_{x''}$, $\mathfrak{H}_{y''}$ eine *parallel* zu ihrer Einfallsebene *linear polarisierte* ebene Teilwelle ($\mathfrak{E}_\perp$) der Amplitude $\psi \frac{\cos\gamma}{\sin\alpha}$ ist.

Die in vorstehenden Gleichungen auftretenden β, γ sind — wie ausdrücklich erwähnt sei — *nicht* die Richtungswinkel des Strahles, der Wellenflächennormalen, *gegen die y'', z''-Achsenrichtungen, sondern gegen die y, z-Achsenrichtungen.* Dagegen gibt α wegen des Zusammenfallens der x''-Achse mit der x-Achse die Neigung der Wellennormalen der ebenen Teilwelle auch gegen die x''-Achse an.

Wir wollen deswegen besser

$$\psi \frac{\cos\alpha \cos\beta}{\sin\alpha} = -\psi \frac{\cos\alpha^* \cos\beta^*}{\sin\alpha^*} = \psi_\parallel$$

und

$$\psi \frac{\cos\gamma}{\sin\alpha} = \psi \frac{\cos\gamma^*}{\sin\alpha^*} = \psi_\perp$$

schreiben, wo noch $\sqrt{\psi_\parallel^2 + \psi_\perp^2} = \psi \sin\beta$ ist, wie man leicht nachprüft und sich oben schon aus der Transformation auf das (x', y', z')-System ergeben hatte.

Für die $\mathfrak{E}_\parallel$-Teilwellen gelten bezüglich ihrer Totalreflexion die in Teil I durchgeführten Überlegungen unverändert.

Für die $\mathfrak{E}_\perp$-Teilwellen erhalten wir entsprechend — mit Bezug auf das (x'', y'', z'')-System — *nach ihrer Reflexion*

$$\mathfrak{E}^*_{z''} = + \frac{e^{i\omega t}}{\sqrt{\varepsilon}} \psi_\perp^* \cdot r_\perp e^{-ik[\ldots.]}$$

$$\mathfrak{H}^*_{x''} = + \frac{e^{i\omega t}}{\sqrt{\mu}} \psi_\perp^* \sin\alpha^* \cdot r_\perp e^{-ik[\ldots.]}$$

$$\mathfrak{H}^*_{y''} = - \frac{e^{i\omega t}}{\sqrt{\mu}} \psi_\perp^* \cos\alpha^* \cdot r_\perp e^{-ik[\ldots.]}$$

mit $[\ldots.] = [x'' \cos\alpha^* + y'' \sin\alpha^* - f^*(\cos\beta^*, \cos\gamma^*)]$

$f^*(\cos\beta^*, \cos\gamma^*) = f(\cos\beta^*, \cos\gamma^*)$; $\psi_\perp^* = \psi_\perp^*(\cos\beta^*, \cos\gamma^*) = \psi_\perp(\cos\beta^*, \cos\gamma^*)$,

wo wieder $\alpha^* = \pi - \alpha$, $\beta^* = \beta$, $\gamma^* = \gamma$ ist.

Ferner ist mit $N = \frac{n'}{n} < 1$ und wenn $\sqrt{\sin^2\alpha - N^2} = \sqrt{\sin^2\alpha^* - N^2} > 0$ gewählt wird

(1₁) $$r_\perp = \frac{\cos\alpha + i\sqrt{\sin^2\alpha - N^2}}{\cos\alpha - i\sqrt{\sin^2\alpha - N^2}} = \frac{\cos\alpha^* - i\sqrt{\sin^2\alpha^* - N^2}}{\cos\alpha^* + i\sqrt{\sin^2\alpha^* - N^2}} = e^{-2i\Delta_\perp}$$

mit $$\operatorname{tg}\Delta_\perp = \frac{\sqrt{\sin^2\alpha^* - N^2}}{\cos\alpha^*},$$

wofür wir wieder — analog zu den Betrachtungen bei $r_\parallel$ — schreiben können

(1₂) $$r_\perp = 1 - 2\frac{\sqrt{\sin^2\alpha^* - N^2}}{\sqrt{1 - N^2}} e^{i\delta_\perp}$$

mit $$\operatorname{tg}\delta_\perp = \frac{\cos\alpha^*}{\sqrt{\sin^2\alpha^* - N^2}}$$

bzw. $$r_\perp = -1 + 2\frac{\cos\alpha^*}{\sqrt{1 - N^2}} e^{-i\Delta_\perp}$$

(1₃) $$\operatorname{tg}\Delta_\perp = \frac{\sqrt{\sin^2\alpha^* - N^2}}{\cos\alpha^*}$$

Die für $\mathfrak{E}^*_{z''}$, $\mathfrak{H}^*_{x''}$, $\mathfrak{H}^*_{y''}$ erhaltenen Ausdrücke, die auf für die einzelnen Teilwellen *verschiedene* (x'', y'', z'')-Systeme bezogen sind — deren x''-Achse aber mit der x-Achse zusammenfällt — haben wir wie oben im Teil I auf das (x, y, z)-System zurückzutransformieren, ehe wir die noch erforderliche Integration über die Teilwellen verschiedener Richtung durchführen können.

Wir erhalten so für die $\mathfrak{E}_\perp$-Teilwellen

$$
(*)\qquad
\begin{aligned}
{}_\perp\mathfrak{E}^*_x &= 0\\
{}_\perp\mathfrak{E}^*_y &= -\frac{e^{i\omega t}}{\sqrt{\varepsilon}}\,\psi^*_\perp\,\frac{\cos\gamma^*}{\sin\alpha^*}\,r_\perp\,e^{-ik[\ldots*\ldots]}\\
{}_\perp\mathfrak{E}^*_z &= -\frac{e^{i\omega t}}{\sqrt{\varepsilon}}\,\psi^*_\perp\,\frac{\cos\beta^*}{\sin\alpha^*}\,r_\perp\,e^{-ik[\ldots*\ldots]}\\
{}_\perp\mathfrak{H}^*_x &= +\frac{e^{i\omega t}}{\sqrt{\mu}}\,\psi^*_\perp\,\sin\alpha^*\,r_\perp\,e^{-ik[\ldots*\ldots]}\\
{}_\perp\mathfrak{H}^*_y &= -\frac{e^{i\omega t}}{\sqrt{\mu}}\,\psi^*_\perp\,\cos\alpha^*\,\frac{\cos\beta^*}{\sin\alpha^*}\,r_\perp\,e^{-ik[\ldots*\ldots]}\\
{}_\perp\mathfrak{H}^*_z &= -\frac{e^{i\omega t}}{\sqrt{\mu}}\,\psi^*_\perp\,\cos\alpha^*\,\frac{\cos\gamma^*}{\sin\alpha^*}\,r_\perp\,e^{-ik[\ldots*\ldots]}\,.
\end{aligned}
$$

Zu diesen $\mathfrak{E}^*_\perp$, $\mathfrak{H}^*_\perp$-Komponenten treten nun noch die $\mathfrak{E}^*_\parallel$, $\mathfrak{H}^*_\parallel$-Komponenten hinzu, für die sich — in Analogie zu den Überlegungen des Teils I dieser Arbeit — die Ausdrücke

$$
(**)\qquad
\begin{aligned}
{}_\parallel\mathfrak{E}^*_x &= -\frac{e^{i\omega t}}{\sqrt{\varepsilon}}\,\psi^*_\parallel\,\sin\alpha^*\,r_\parallel\,e^{-ik[\ldots*\ldots]}\\
{}_\parallel\mathfrak{E}^*_y &= +\frac{e^{i\omega t}}{\sqrt{\varepsilon}}\,\psi^*_\parallel\,\cos\alpha^*\,\frac{\cos\beta^*}{\sin\alpha^*}\,r_\parallel\,e^{-ik[\ldots*\ldots]}\\
{}_\parallel\mathfrak{E}^*_z &= +\frac{e^{i\omega t}}{\sqrt{\varepsilon}}\,\psi^*_\parallel\,\cos\alpha^*\,\frac{\cos\gamma^*}{\sin\alpha^*}\,r_\parallel\,e^{-ik[\ldots*\ldots]}\\
{}_\parallel\mathfrak{H}^*_x &= 0\\
{}_\parallel\mathfrak{H}^*_y &= -\frac{e^{i\omega t}}{\sqrt{\mu}}\,\psi^*_\parallel\,\frac{\cos\gamma^*}{\sin\alpha^*}\,r_\parallel\,e^{-ik[\ldots*\ldots]}\\
{}_\parallel\mathfrak{H}^*_z &= +\frac{e^{i\omega t}}{\sqrt{\mu}}\,\psi^*_\parallel\,\frac{\cos\beta^*}{\sin\alpha^*}\,r_\parallel\,e^{-ik[\ldots*\ldots]}
\end{aligned}
$$

ergeben. In beiden Gleichungssystemen (für $\mathfrak{E}^*_\perp$, $\mathfrak{H}^*_\perp$ und $\mathfrak{E}^*_\parallel$, $\mathfrak{H}^*_\parallel$) ist wieder

$$[\ldots*\ldots] = x_P\cos\alpha^* + y_P\cos\beta^* + z_P\cos\gamma^* - f^*(\cos\beta^*, \cos\gamma^*)$$

$$f^*(\cos\beta^*, \cos\gamma^*) = a\cos\vartheta^*_0\cos\alpha^* + a\sin\vartheta^*_0\cos\varphi^*_0\cos\beta^* + {} \\ + a\sin\vartheta^*\sin\varphi^*\cos\gamma^* + \text{const},$$

während $r_\parallel$ und $r_\perp$ die oben angegebenen Ausdrücke (1.4_{1-3}) [S. 14] bzw. (5.1_{1-3}) [S. 33] sind.

Man erkennt, daß die reflektierte Gesamtwelle $\mathfrak{E}^* = \mathfrak{E}^*_\perp + \mathfrak{E}^*_\parallel$, $\mathfrak{H}^* = \mathfrak{H}^*_\perp + \mathfrak{H}^*_\parallel$ sich darstellen läßt durch den HERTZschen Vektor $\mathfrak{Z}^*$ mit den Komponenten

$$\mathfrak{Z}^*_x = 0;\quad \mathfrak{Z}^*_y = {}_\parallel\mathfrak{Z}^*_y + {}_\perp\mathfrak{Z}^*_y;\quad \mathfrak{Z}^*_z = {}_\parallel\mathfrak{Z}^*_z + {}_\perp\mathfrak{Z}^*_z$$

oder — ausführlich geschrieben —

$$
(2)\qquad
\begin{aligned}
\mathfrak{Z}^*_y &= -\frac{e^{i\omega t}}{k^2\sqrt{\varepsilon}}\iint\psi^*\left[\frac{\cos^2\beta^*}{\sin^2\alpha^*}\,r_\parallel + \frac{\cos^2\gamma^*}{\sin^2\alpha^*}\,r_\perp\right]e^{-ik[\ldots*\ldots]}\,d\Omega^*\\
\mathfrak{Z}^*_z &= -\frac{e^{i\omega t}}{k^2\sqrt{\varepsilon}}\iint\psi^*\,\frac{\cos\beta^*\cos\gamma^*}{\sin^2\alpha^*}\,[r_\parallel - r_\perp]\,e^{-ik[\ldots*\ldots]}\,d\Omega^*
\end{aligned}
$$

mit
$$d\Omega^* = \frac{d(\cos\beta^*)\, \alpha(\cos\gamma^*)}{\cos\alpha^*},$$

worin wir noch für $r_\parallel$ und $r_\perp$ die oben angegebenen Werte einzusetzen haben, die wir wieder aufspalten können. Wir erhalten dann z. B. mit

$$r_\parallel = 1 - 2\frac{\sqrt{\sin^2\alpha^* - N^2}}{\sqrt{(1-N^2)(\sin^2\alpha^* - N^2\cos^2\alpha^*)}}\, e^{i\delta_\parallel}$$

$$r_\perp = 1 - 2\frac{\sqrt{\sin^2\alpha^* - N^2}}{\sqrt{1-N^2}}\, e^{i\delta_\perp}$$

nach der Reflexion der — von einem in Richtung der y-Achse parallel zur Trennungsebene beider Medien schwingenden Dipol ausgesandten — Strahlung die *Überlagerung*

einer Kugelwelle, bestimmt durch ihren HERTZschen Vektor

$$\mathfrak{Z}^*_{Ky} = -\frac{e^{i\omega t}}{k^2\sqrt{\varepsilon}}\iint \psi^* e^{-ik[\ldots*\ldots]}\, d\Omega^*, \quad \mathfrak{Z}^*_{Kx} = \mathfrak{Z}^*_{Kz} = 0,$$

der völlig dem der einfallenden Kugelwelle entspricht und sich von diesem nur durch die Phase ($- = e^{i\pi}$) unterscheidet,

und einer deformierten Zusatzwelle, bestimmt

durch den HERTZschen Vektor $\mathfrak{Z}^*_Z$ mit den Komponenten

$$\mathfrak{Z}^*_{Zy} = 2\frac{e^{i\omega t}}{k^2\sqrt{\varepsilon}}\iint \psi^* \frac{\sqrt{\sin^2\alpha^* - N^2}}{\sin^2\alpha^*\sqrt{1-N^2}}\left[\frac{\cos^2\beta^*}{\sqrt{\sin^2\alpha^* - N^2\cos^2\alpha^*}}\, e^{i\delta_\parallel} + \cos^2\gamma^*\, e^{i\delta_\perp}\right] e^{-ik[\ldots*\ldots]}\, d\Omega^*$$

(3)

$$\mathfrak{Z}^*_{Zz} = 2\frac{e^{i\omega t}}{k^2\sqrt{\varepsilon}}\iint \psi^* \frac{\sqrt{\sin^2\alpha^* - N^2}}{\sin^2\alpha^*\sqrt{1-N^2}}\cos\beta^*\cos\gamma^*\left[\frac{e^{i\delta_\parallel}}{\sqrt{\sin^2\alpha^* - N^2\cos^2\alpha^*}} - e^{i\delta_\perp}\right] e^{-ik[\ldots*\ldots]}\, d\Omega^*,$$

worin noch

$$\left.\begin{aligned} \delta_\parallel &= \operatorname{arc\,tg}\frac{N^2\cos\alpha^*}{\sqrt{\sin^2\alpha^* - N^2}} \\ \delta_\perp &= \operatorname{arc\,tg}\frac{\cos\alpha^*}{\sqrt{\sin^2\alpha^* - N^2}} \end{aligned}\right\},\quad d\Omega^* = \frac{d(\cos\beta^*)\, d(\cos\gamma^*)}{\cos\alpha^*}$$

ist.

Wegen der in $\mathfrak{Z}^*_{Zy}$ und $\mathfrak{Z}^*_{Zz}$ auftretenden $[\ldots\pm\ldots]$-Ausdrücke, die zwei additiv zusammengenommene Glieder enthalten, haben wir es hier also eigentlich mit *zwei* deformierten Zusatzwellen zu tun, von denen *jede* durch einen parallel zur yz-Ebene liegenden, aber gegen die xy-Ebene, in der der *strahlende* Dipol liegt, gedrehten HERTZschen Vektor mit je einer y- und einer z-Komponente darstellbar ist.

Die HERTZschen Vektoren, d. h. die ihnen entsprechenden Dipole beider deformierten Zusatzwellen schwingen zwar beide parallel zur Trennungsebene beider Medien, sind aber beide zur xy-Ebene, der Ebene durch die Schwingungsrichtung des *strahlenden* Dipols und die Trennflächen-Normale, verschieden stark geneigt. Außerdem schwingen beide mit verschiedener Phase.

Auch wenn wir für $r_\parallel$ und $r_\perp$ die beiden je an dritter Stelle angegebenen Zerlegungen

$$r_\parallel = -1 - 2\frac{N^2\cos\alpha^*}{\sqrt{(1-N^2)(\sin^2\alpha^* - N^2\cos^2\alpha^*)}}\, e^{-i\Delta_\parallel}$$

$$r_\perp = -1 + 2\frac{\cos\alpha^*}{\sqrt{1-N^2}}\, e^{-i\Delta_\perp},$$

mit

$$\Delta_{\parallel} = \operatorname{arc\,tg} \frac{\sqrt{\sin^2\alpha^* - N^2}}{N^2 \cos\alpha^*}$$

$$\Delta_{\perp} = \operatorname{arc\,tg} \frac{\sqrt{\sin^2\alpha^* - N^2}}{\cos\alpha^*}$$

benutzen, erhalten wir eine Aufspaltung der reflektierten Welle in eine *ideale Kugelwelle*, bestimmt durch den HERTZschen Vektor $\mathfrak{Z}^{**}_{K\,y} = -\,\mathfrak{Z}^{*}_{K\,y} = \mathfrak{Z}^{*}_{K\,y} \cdot e^{i\pi}$ und eine *Zusatzwelle*, wobei die Kugelwelle mit der einfallenden Kugelwelle — ebenso wie $\mathfrak{Z}^{*}_{K\,y}$ — hinsichtlich der Amplitudenverteilung übereinstimmt. Sie unterscheidet sich aber von $\mathfrak{Z}^{*}_{K\,y}$ in der Phase um π, während sie — abgesehen von ihrer Ausbreitungsrichtung — an der Trennebene beider Medien in ihrer Phase mit der der einfallenden Kugelwelle übereinstimmt, während ja $\mathfrak{Z}^{*}_{K\,y}$ dort gegen die einfallende Kugelwelle einen Phasensprung vom Betrage π erleidet. Die HERTZschen Vektoren der Zusatzwelle lauten bei Abspaltung der Kugelwelle $\mathfrak{Z}^{**}_{K\,y}$

$$\mathfrak{Z}^{**}_{Z\,y} = +\,2\,\frac{e^{i\omega t}}{k^2\sqrt{\varepsilon}} \int\!\!\int \psi^* \frac{\cos\alpha^*}{\sin^2\alpha^*\sqrt{1-N^2}} \cdot$$

$$\cdot \left[\frac{N^2\cos^2\beta^*}{\sqrt{\sin^2\alpha^* - N^2\cos^2\alpha^*}}\, e^{-i\Delta_{\parallel}} - \cos^2\gamma^*\, e^{-i\Delta_{\perp}}\right] e^{-ik[\ldots\ast\ldots]}\, d\Omega^*$$

(4)

$$\mathfrak{Z}^{**}_{Z\,z} = +\,2\,\frac{e^{i\omega t}}{k^2\sqrt{\varepsilon}} \int\!\!\int \psi^* \frac{\cos\alpha^*}{\sin^2\alpha^*\sqrt{1-N^2}} \cos\beta^* \cos\gamma^* \cdot$$

$$\cdot \left[\frac{N^2 e^{-i\Delta_{\parallel}}}{\sqrt{\sin^2\alpha^* - N^2\cos^2\alpha^*}} + e^{-i\Delta_{\perp}}\right] e^{-ik[\ldots\ast\ldots]}$$

Um die Wellenflächen und dadurch den Strahlverlauf sowohl der totalreflektierten Gesamtwelle als auch der Zusatzwellen 1. und 2. Art zu bestimmen, müssen wir die erhaltenen Ausdrücke noch umformen, nämlich 1. aus den jeweils zusammengehörenden Komponenten von $\mathfrak{Z}^*$ bzw. $\mathfrak{Z}^*_Z$ bzw. $\mathfrak{Z}^{**}_Z$ die Darstellung dieser $\mathfrak{Z}^*$ bzw. $\mathfrak{Z}^*_Z$ bzw. $\mathfrak{Z}^{**}_Z$ selbst ermitteln und 2. diese Ausdrücke noch so umformen, daß die Integranden in der Form: Amplitudenfaktor (= Belegungsfaktor) $\cdot\, e^{-ik\{[\ldots\ast\ldots]-g\}}$ erscheinen.

Zunächst erkennen wir, daß wir z. B. $\mathfrak{Z}^{**}_{Z\,y}$, $\mathfrak{Z}^{**}_{Z\,z}$ in folgender Weise schreiben können:

$$\mathfrak{Z}^{**}_{Z\,y} = (\mathfrak{Z}^{**}_{Z\,y})_1 + (\mathfrak{Z}^{**}_{Z\,y})_2; \quad \mathfrak{Z}^{**}_{Z\,z} = (\mathfrak{Z}^{**}_{Z\,z})_1 + (\mathfrak{Z}^{**}_{Z\,z})_2,$$

worin

$$(\mathfrak{Z}^{**}_{Z\,y})_1 = 2\,\frac{e^{i\omega t}}{k^2\sqrt{\varepsilon}} \int\!\!\int \psi^* \frac{\cos\alpha^*\cos\beta^*\, N^2}{\sin\alpha^*\sqrt{(1-N^2)(\sin^2\alpha^* - N^2\cos^2\alpha^*)}}\, \frac{\cos\beta^*}{\sin\alpha^*}\, e^{-ik\left\{[\ldots\ast\ldots] + \frac{\lambda}{2\pi}\Delta_{\parallel}\right\}}\, d\Omega^*$$

(5₁)

$$(\mathfrak{Z}^{**}_{Z\,z})_1 = 2\,\frac{e^{i\omega}}{k^2\sqrt{\varepsilon}} \int\!\!\int \psi^* \frac{\cos\alpha^*\cos\beta^*\, N^2}{\sin\alpha^*\sqrt{(1-N^2)(\sin^2\alpha^* - N^2\cos^2\alpha^*)}}\, \frac{\cos\gamma^*}{\sin\alpha^*}\, e^{-ik\left\{[\ldots\ast\ldots] + \frac{\lambda}{2\pi}\Delta_{\parallel}\right\}}\, d\Omega^*$$

$$(\mathfrak{Z}^{**}_{Z\,y})_2 = 2\,\frac{e^{i\omega t}}{k^2\sqrt{\varepsilon}} \int\!\!\int \psi^* \frac{\cos\alpha^*\cos\gamma^*}{\sin\alpha^*\sqrt{1-N^2}}\, \frac{(-\cos\gamma^*)}{\sin\alpha^*}\, e^{-ik\left\{[\ldots\ast\ldots] + \frac{\lambda}{2\pi}\Delta_{\perp}\right\}}\, d\Omega^*$$

(5₂)

$$(\mathfrak{Z}^{**}_{Z\,z})_2 = 2\,\frac{e^{i\omega t}}{k^2\sqrt{\varepsilon}} \int\!\!\int \psi^* \frac{\cos\alpha^*\cos\gamma^*}{\sin\alpha^*\sqrt{1-N^2}}\, \frac{\cos\beta^*}{\sin\alpha^*}\, e^{-ik\left\{[\ldots\ast\ldots] + \frac{\lambda}{2\pi}\Delta_{\perp}\right\}}\, d\Omega^*,$$

worin noch wegen $\cos^2\beta^* + \cos^2\gamma^* = \sin^2\alpha^*$, also $\frac{\cos^2\beta^*}{\sin^2\alpha^*} + \frac{\cos^2\gamma^*}{\sin^2\alpha^*} = 1$ mit $\frac{\cos\gamma^*}{\cos\beta^*} = \operatorname{tg}\breve{\chi}$ gesetzt werden kann $\frac{\cos\beta^*}{\sin\alpha^*} = \cos\breve{\chi}$; $\frac{\cos\gamma^*}{\sin\alpha^*} = \sin\breve{\chi}$; $-\frac{\cos\gamma^*}{\sin\alpha^*} = \cos\left(\breve{\chi} + \frac{\pi}{2}\right)$; $\frac{\cos\beta^*}{\sin\alpha^*} = \sin\left(\breve{\chi} + \frac{\pi}{2}\right)$. Dies besagt, daß die ebenen Teilwellen (Elementarwellen), die zum Dipol (1) gehören, linear polarisiert sind und zu den Elementarwellen gleicher Richtung des Dipols (2), die gleichfalls linear polarisiert sind, senkrecht schwingen. Außerdem besitzen sie verschiedene Amplitude

$$\left(\frac{\cos\alpha^*\cos\beta^* N^2}{\sin\alpha^*\sqrt{(1-N^2)(\sin^2\alpha^*-N^2\cos^2\alpha^*)}}\quad\text{bzw.}\quad\frac{\cos\alpha^*\cos\beta^*}{\sin\alpha^*\sqrt{1-N^2}}\right).$$

Wir haben es bei der Zusatzwelle $\mathfrak{Z}_Z^{**}$ also mit der Überlagerung von — in Abhängigkeit von ihrer Ausbreitungsrichtung verschieden stark — *elliptisch* polarisierten Elementarwellen zu tun, da ja noch zu beachten ist, daß die $(\beta^*, \gamma^*) = \breve{\chi}$-Komponente $(\mathfrak{Z}_Z^{**})_1$ mit anderer Phase $\left(\Delta_\parallel = \operatorname{arc\,tg}\frac{\sqrt{\sin^2\alpha^*-N^2}}{N^2\cos\alpha^*}\right)$ schwingt als die $(-\gamma^*, \beta^*) = \left(\frac{\pi}{2}+\breve{\chi}\right)$-Komponente $(\mathfrak{Z}_Z^{**})_2$ $\left(\text{mit } \Delta_\perp = \operatorname{arc\,tg}\frac{\sqrt{\sin^2\alpha^*-N^2}}{\cos\alpha^*}\right)$.

Ganz entsprechende Überlegungen lassen sich natürlich bezüglich der totalreflektierten Gesamtwelle $\mathfrak{Z}^*$ sowie bezüglich der Zusatzwelle erster Art $\mathfrak{Z}_Z^*$ anstellen.

Für die totalreflektierte Gesamtwelle $\mathfrak{Z}^*$ erhalten wir z. B. nach (2) mit (I, 1.4_1) bzw. (5.1_1)

$$(\mathfrak{Z}_y^*)_1 = -\frac{e^{i\omega t}}{k^2\sqrt{\varepsilon}}\int\!\!\int\psi^*\frac{\cos\beta^*}{\sin\alpha^*}\frac{\cos\beta^*}{\sin\alpha^*}\,e^{-ik\left\{[\ldots\ldots]+\frac{\lambda}{\pi}\Delta_\parallel\right\}}\,d\Omega^*$$

(6_1)

$$(\mathfrak{Z}_z^*)_1 = -\frac{e^{i\omega t}}{k^2\sqrt{\varepsilon}}\int\!\!\int\psi^*\frac{\cos\beta^*}{\sin\alpha^*}\frac{\cos\gamma^*}{\sin\alpha^*}\,e^{-ik\left\{[\ldots\ldots]+\frac{\lambda}{\pi}\Delta_\parallel\right\}}\,d\Omega^*$$

$$(\mathfrak{Z}_y^*)_2 = -\frac{e^{i\omega t}}{k^2\sqrt{\varepsilon}}\int\!\!\int\psi^*\frac{\cos\gamma^*}{\sin\alpha^*}\frac{\cos\gamma^*}{\sin\alpha^*}\,e^{-ik\left\{[\ldots\ldots]+\frac{\lambda}{\pi}\Delta_\perp\right\}}\,d\Omega^*$$

(6_2)

$$(\mathfrak{Z}_z^*)_2 = -\frac{e^{i\omega t}}{k^2\sqrt{\varepsilon}}\int\!\!\int\psi^*\frac{\cos\gamma^*}{\sin\alpha^*}\left(\frac{-\cos\beta^*}{\sin\alpha^*}\right)e^{-ik\left\{[\ldots\ldots]+\frac{\lambda}{\pi}\Delta_\perp\right\}}\,d\Omega^*$$

Übrigens erkennen wir hieran noch, daß die *Phasengröße* $\Delta_\perp$ nur dann *für sich allein* — also ohne gleichzeitiges Auftreten von $\Delta_\parallel$ — auftreten kann, wenn $\cos\beta^* \equiv 0$, d. h. $\beta^* \equiv \frac{\pi}{2}$ und demnach auch $\beta \equiv \frac{\pi}{2}$ ist. Das aber besagt, daß in der einfallenden Welle

$$\mathfrak{E}_x = \mathfrak{E}_z \equiv 0$$

$$\mathfrak{E}_y = \frac{e^{i\omega t}}{\sqrt{\varepsilon}}\int\!\!\int\psi\,e^{-ik[x_P\cos\alpha+z_P\sin\alpha-f(\sin\alpha)]}\,d\alpha$$

$$\mathfrak{H}_x = -\frac{e^{i\omega t}}{\sqrt{\mu}}\int\!\!\int\psi\sin\alpha\,e^{-ik[x_P\cos\alpha+z_P\sin\alpha-f(\sin\alpha)]}\,d\alpha$$

$$\mathfrak{H}_y \equiv 0$$

$$\mathfrak{H}_z = +\frac{e^{i\omega t}}{\sqrt{\mu}}\int\!\!\int\psi\cos\alpha\,e^{-ik[\ldots\ldots]}\,d\alpha$$

($d\Omega = d\alpha$) ist, also

(7)

$$\mathfrak{Z}_y = \frac{e^{i\omega t}}{k^2\sqrt{\varepsilon}}\int\!\!\int\psi\,e^{-ik[x_P\cos\alpha+z_P\sin\alpha-f(\sin\alpha)]}\,d\alpha$$

mit $f(\sin\alpha) = a\cos\vartheta_0\cos\alpha + a\sin\vartheta_0\sin\alpha$, wenn also 1. $\varphi_0 = \frac{\pi}{2}$, der Mittelpunkt des zur y-Achse parallelen Dipols also in der xz-Ebene liegt — was indessen keine Einschränkung bedeutet, da das Koordinatensystem ja entsprechend gewählt werden kann — und 2. nur Zylinderwellen als — vom Dipol erzeugte — einfallende Wellen angenommen werden, deren zylindrische, aber nicht notwendig kreiszylindrische Wellenflächen zur y-Achse parallel sind, eine Annahme, die nur für einen unendlich entfernten Dipol bzw. einen Dipol erfüllt ist, der zur Brennlinie und gleichzeitig zur „Achse" einer Zylinderlinse senkrecht liegt.

Wir können die beiden *in gleicher Richtung* liegenden Komponenten $[(\mathfrak{Z}_y^*)_1$ und $(\mathfrak{Z}_y^*)_2$ bzw. $(\mathfrak{Z}_z^*)_1$ und $(\mathfrak{Z}_z^*)_2$ aus (6_1) und $(6_2)]$ des HERTZschen Vektors der totalreflektierten Gesamtwelle — und ebenso auch der Zusatzwelle 1. bzw. 2. Art — natürlich auch zusammenfassen, indem wir die in gleicher Richtung fortschreitenden Elementarwellen sich überlagern und miteinander interferieren lassen. Wir erhalten so nach etwas umständlichen Rechnungen für die totalreflektierte Gesamtwelle den HERTZschen Vektor $\mathfrak{Z}^*$ mit den Komponenten $\mathfrak{Z}_y^*$ und $\mathfrak{Z}_z^*$, worin

$$\mathfrak{Z}_y^* = -\frac{e^{i\omega t}}{k^2\sqrt{\varepsilon}}\int\!\!\int \psi^* \sqrt{1 - 4\,\frac{\cos^2\beta^*\cos^2\gamma^*}{\sin^4\alpha^*}\,\frac{\cos^2\alpha^*(\sin^2\alpha^* - N^2)}{\sin^2\alpha^* - N^2\cos^2\alpha^*}}\; e^{-ik\left\{[\ldots*\ldots] + \frac{\lambda}{\pi}\Delta_y\right\}}\, d\Omega^* \tag{8}$$

mit

$$\operatorname{tg}\Delta_y = \frac{2\cos\alpha^*\sqrt{\sin^2\alpha^* - N^2}\,\{N^2\cos^2\beta^* + \cos^2\gamma^*(\sin^2\alpha^* - N^2\cos^2\alpha^*)\}}{\cos^2\beta^*[(N^4+1)\cos^2\alpha^* - (1-N^2)] + \cos^2\gamma^*(\sin^2\alpha^* - N^2\cos^2\alpha^*)[2\cos^2\alpha^* - (1-N^2)]}, \tag{9_1}$$

wofür wir auch schreiben können, da ja $\cos^2\gamma^* = \sin^2\alpha^* - \cos^2\beta^*$ ist,

$$\operatorname{tg}\Delta_y = \frac{2\cos\alpha^*\sqrt{\sin^2\alpha^* - N^2}\,\{\sin^2\alpha^*(\sin^2\alpha^* - N^2\cos^2\alpha^*) - \cos^2\beta\,[(1-N^2) - (1+N^2)\cos^2\alpha^*]\}}{\sin^2\alpha^*(\sin^2\alpha^* - N^2\cos^2\alpha^*)(2\cos^2\alpha^* + N^2 - 1) - 2\cos^2\beta^*\cos^2\alpha^*(1+N^2)(\sin^2\alpha^* - N^2)}. \tag{9_2}$$

Setzen wir umgekehrt $\cos^2\beta^* = \sin^2\alpha^* - \cos^2\gamma^*$, so geht der Ausdruck für $\operatorname{tg}\Delta_y$ über in

$$\operatorname{tg}\Delta_y = \frac{2\cos\alpha^*\sqrt{\sin^2\alpha^* - N^2}\,\{N^2\sin^2\alpha^* + \cos^2\gamma^*[(1-N^2) - (1+N^2)\cos^2\alpha^*]\}}{\sin^2\alpha^*[(N^4+1)\cos^2\alpha^* - (1-N^2)] + 2\cos^2\gamma^*\cos^2\alpha^*(1+N^2)(\sin^2\alpha^* - N^2)}. \tag{9_3}$$

Für die *in der* (bzw.: *parallel zur*) *xy-Ebene* verlaufenden Strahlen, für die ja $\gamma = \gamma^* = \frac{\pi}{2}$ ist, wird

$$\operatorname{tg}(\Delta_y)_{\gamma^* = \frac{\pi}{2}} = \frac{2N^2\cos\alpha^*\sqrt{\sin^2\alpha^* - N^2}}{(N^4+1)\cos^2\alpha^* - (1-N^2)} \quad (= \operatorname{tg}\Delta_{yy}) \tag{10}$$

Für die *in der* (bzw.: *parallel zur*) *xz-Ebene* verlaufenden Strahlen $\left(\beta = \beta^* = \frac{\pi}{2}\right)$ wird

$$\operatorname{tg}(\Delta_y)_{\beta^* = \frac{\pi}{2}} = \frac{2\cos\alpha^*\sqrt{\sin^2\alpha^* - N^2}}{2\cos^2\alpha^* - (1-N^2)} \quad (= \operatorname{tg}\Delta_{yz}) \tag{11}$$

Für die in der Darstellung des HERTZschen Teilvektors $\mathfrak{Z}_y^*$ auftretenden ebenen Elementarwellen gleichen α^*-Wertes sind demnach die Verhältnisse bezüglich der Phasenverschiebung Δ_y *nicht symmetrisch* zu dem vom Dipol auf die Trennfläche (yz-Ebene) gefällten Lote. Es besteht vielmehr — wie man leicht erkennt — für $\operatorname{tg}\Delta_y$ folgende einfache Beziehung:

$$\frac{N^2\cos^2\beta^*}{\operatorname{tg}\Delta_{yy}} + \frac{\cos^2\gamma^*(\sin^2\alpha^* - N^2\cos^2\alpha^*)}{\operatorname{tg}\Delta_{yz}} = \frac{N^2\cos^2\beta^* + \cos^2\gamma^*(\sin^2\alpha^* - N^2\cos^2\alpha^*)}{\operatorname{tg}\Delta_y}$$

die sich mit Einführung eines Hilfsmittels $\chi = \frac{\pi}{2} - \Phi^*$, der definiert ist durch

$$\operatorname{tg}^2\chi = \frac{1}{\operatorname{tg}^2\Phi^*} = \frac{1}{\operatorname{tg}^2\chi}\,\frac{N^2}{\sin^2\alpha^* - N^2\cos^2\alpha^*} = \frac{N^2\cos^2\beta^*}{\cos^2\gamma^*(\sin^2\alpha^* - N^2\cos^2\alpha^*)} \tag{12}$$

$$= \frac{N^2\cos^2\beta^*}{(\sin^2\alpha^* - \cos^2\beta^*)(\sin^2\alpha^* - N^2\cos^2\alpha^*)} = \frac{N^2(\sin^2\alpha^* - \cos^2\gamma^*)}{\cos^2\gamma^*(\sin^2\alpha^* - N^2\cos^2\alpha^*)}$$

schreiben läßt

$$\frac{1}{\operatorname{tg}\Delta_y} = \frac{1}{\operatorname{tg}\Delta_{y\chi}} = \frac{\sin^2\chi}{\operatorname{tg}\Delta_{yy}} + \frac{\cos^2\chi}{\operatorname{tg}\Delta_{yz}} = \frac{\cos^2\Phi^*}{\operatorname{tg}\Delta_{yy}} + \frac{\sin^2\Phi^*}{\operatorname{tg}\Delta_{yz}} \tag{13}$$

$$\operatorname{cotg}\Delta_{y\chi} = \sin^2\chi\cdot\operatorname{cotg}\Delta_{yy} + \cos^2\chi\,\operatorname{cotg}\Delta_{yz}.$$

Für $\mathfrak{Z}_z^*$ ergibt sich entsprechend

$$(14)\qquad \mathfrak{Z}_z^* = -\frac{e^{i\omega t}}{k^2\sqrt{\varepsilon}}\int\int \psi^* \frac{2\cos\alpha^*\cos\beta^*\cos\gamma^*\sqrt{\sin^2\alpha^* - N^2}}{\sin^2\alpha^*\sqrt{\sin^2\alpha^* - N^2\cos^2\alpha^*}}\, e^{-ik\left\{[\ldots*\ldots] + \frac{\lambda}{\pi}\Delta_z\right\}}$$

$$(15)\qquad \text{mit}\quad \operatorname{tg}\Delta_z = \frac{\sqrt{\sin^2\alpha^* - N^2}}{(1+N^2)\cos\alpha^*}\left[1 - \frac{N^2\cos^2\alpha^*}{\sin^2\alpha^* - N^2}\right] = \frac{(1-N^2) - (1+N^2)\cos^2\alpha^*}{(1+N^2)\cos\alpha^*\sqrt{\sin^2\alpha^* - N^2}}$$

Hier ist die Phasengröße (Δ_z) also *unabhängig von* β^* *und* γ^*.

Diskutieren wir zunächst noch die Amplitudenfaktoren der beiden Dipolkomponenten. Wir sehen, daß ihre Quadratsumme den Wert 1 hat, unabhängig von den Werten von α^*, β^*, γ^*, daß wir es also bei der Totalreflexion — denn nur auf diese beziehen sich ja die für $\mathfrak{Z}_{//}^*$ und $\mathfrak{Z}_z^*$ erhaltenen Ausdrücke — tatsächlich mit einer reflektierten Welle zu tun haben, deren Energie in jeder Richtung (innerhalb des Bereiches der Totalreflexion) den gleichen Wert besitzt wie die Energie der einfallenden Welle, da ja

$$\psi^* = \psi^*(\cos\beta^*, \cos\gamma^*)$$

dem Betrage nach gleich dem

$$\psi = \psi(\cos\beta, \cos\gamma)$$

der einfallenden Welle ist. Denn

$$\psi^*(\cos\beta^*, \cos\gamma^*)$$

geht ja aus $\psi(\cos\beta, \cos\gamma)$ hervor, indem in $\psi(\cos\beta, \cos\gamma)$ die Argumente $\cos\beta$ und $\cos\gamma$ durch $\cos\beta^*$ bzw. $\cos\gamma^*$ ersetzt werden, wobei $\cos\beta^* = \cos\beta$ und $\cos\gamma^* = \cos\gamma$ ist.

Außerdem aber erkennen wir, daß es sich bei den beiden Dipolkomponenten — jede von ihnen als selbständigen Dipol betrachtet — um Dipole mit besonderen Eigenschaften handelt, die von den Eigenschaften der üblicher Weise betrachteten Dipole abweichen.

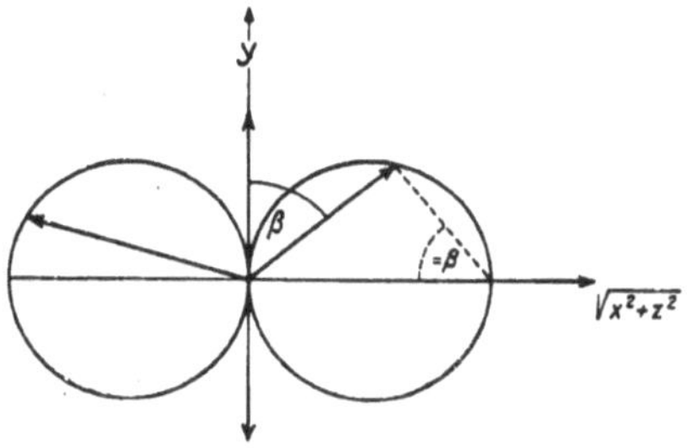

Abb. 8. Strahlungsdiagramm des — in der Abbildung zur y-Achse parallel schwingenden — strahlenden Dipols. Die Zeichnung haben wir uns um die y-Achse rotiert zu denken. Wir erhalten so das „räumliche" Strahlungsdiagramm, aus dem wir die den verschiedenen Strahlrichtungen zugeordneten Schwingungsamplituden entnehmen können. Sie sind gleich — bzw. proportional — der vom Ort des Dipols in Strahlrichtung gezogenen Sehne in dem die Schwingungsrichtung des Dipols am Ort des Dipols berührenden Einheitskreise der durch Dipol und Strahlrichtung gelegten Ebene, also proportional dem Sinus des Winkels der Strahlrichtung gegen die Dipol-Schwingungsrichtung.

Da wir den Dipol der einfallenden Kugelwelle als (linearen) Dipol mit zur y-Achse paralleler Schwingungsrichtung vorausgesetzt haben, ist die in Richtung α^*, β^*, γ^* *ausgestrahlte Energie proportional* $\sin^2\beta$ (Abb. 8), die *Amplitude* der *ausgestrahlten* Wellen also *proportional* zu $\sin\beta$, so daß wir ψ als konstant annehmen können (vgl. S. 32).

Das Energiestrahlungsdiagramm des Dipols $\mathfrak{Z}_z^*$ dagegen ergibt sich als proportional zu

$$(16)\qquad \frac{4\cos^2\alpha^*\cos^2\beta^*\cos^2\gamma^*(\sin^2\alpha^* - N^2)\sin^2\gamma^*}{\sin^4\alpha^*(\sin^2\alpha^* - N^2\cos^2\alpha^*)}$$

verschwindet also

1. in den zur xy-Ebene parallelen Richtungen $\left(\gamma = \frac{\pi}{2}\right)$
2. in den zur yz-Ebene parallelen Richtungen $\left(\alpha = \frac{\pi}{2}\right)$
3. in den zur zx-Ebene parallelen Richtungen $\left(\beta = \frac{\pi}{2}\right)$

4. längs der z-Achse ($\gamma^* = 0$), ein Fall, der in 2. und 3. bereits enthalten ist und — im Grenzfall —

5. für $\sin^2\alpha^* \,(\leqq)\, N^2$, wobei wir auch das $<$-Zeichen zu setzen haben, da ja die abgeleiteten Formeln nur für $\sin^2\alpha^* \geqq N^2$ gelten. Das Energiestrahlungsdiagramm besitzt also acht ausgesprochene „Hauptstrahlungsrichtungen".

Das Energiestrahlungsdiagramm des Dipols $\mathfrak{Z}_y^*$ ist proportional zu

$$\left(1 - \frac{4\cos^2\alpha^* \cos^2\beta^* \cos^2\gamma^* (\sin^2\alpha^* - N^2)}{\sin^4\alpha^* (\sin^2\alpha^* - N^2)}\right)\sin^2\beta^*\,, \tag{17}$$

verschwindet also in Richtung der Achse des Dipols, während es im übrigen — vom Faktor $\sin^2\beta^*$ abgesehen — so beschaffen ist, daß es das Strahlungsdiagramm des Dipols $\mathfrak{Z}_z^*$ — wieder abgesehen von dem dort auftretenden Faktor $\sin^2\gamma^*$ — gerade zu 1 ergänzt. Es ist also in den zur xy-Ebene $\left(\gamma = \frac{\pi}{2}\right)$ parallelen Richtungen proportional zu $\sin^2\beta^*$, in den zur yz-Ebene $\left(\alpha = \frac{\pi}{2}\right)$ parallelen Richtungen gleichfalls proportional zu $\sin^2\beta^*$. In den zur zx-Ebene $\left(\beta = \frac{\pi}{2}\right)$ parallelen Richtungen hat es den Wert 1, während es im Grenzfall $\sin^2\alpha^* = N^2$ proportional zu $\sin^2\beta^*$ ist.

§ 6. Diskussion der Formeln des § 5 und strahlenoptische sowie andere Folgerungen aus ihnen

Wir fragen nun — wie in § 3 —, welche Folgerungen sich aus den gefundenen beugungstheoretischen Darstellungen der totalreflektierten (deformierten) Welle für die Strahlengeometrie sowie für die Geometrie der Wellenflächenschar ergeben.

Für die totalreflektierte Gesamtwelle, die aus einer Kugelwelle hervorgeht, deren erzeugender Dipol parallel zur Trennungsebene beider Medien schwingt und durch den Hertzschen Vektor $\mathfrak{Z}$ mit den Komponenten $\mathfrak{Z}_x = 0$, $\mathfrak{Z}_y \neq 0$, $\mathfrak{Z}_z = 0$ nach (5.1) gegeben ist, haben wir gefunden, daß der Hertzsche Vektor der reflektierten Welle zwar gleichfalls einem zur Trennungsebene beider Medien parallel schwingenden „Dipol" entspricht, also in einer zur Trennungsebene parallelen Ebene „abgebildet" wird, sich in dieser Ebene aber gegen das „ideale Bild" des Dipols „dreht", also eine y-Komponente $\mathfrak{Z}_y^* \neq 0$ sowie eine z-Komponente $\mathfrak{Z}_z^* \neq 0$ besitzt, die überdies mit verschiedenen Phasen schwingen sowie verschiedene Amplituden besitzen und dementsprechend einem elliptischen Schwingungsvorgang entsprechen, dessen Wellenflächen — wie wir noch sehen werden — den Wellenflächen eines Strahlenbündels entsprechen, das außer einer sphärischen Aberration noch einen axialen Astigmatismus besitzt und eine richtungsabhängige Amplitude aufweist, also eine inhomogene und elliptisch polarisierte Welle darstellt.

Die Gleichungen der Wellenflächen erhalten wir wieder nach den oben angegebenen Formeln aus den beugungstheoretischen Darstellungen der beiden Komponenten $\mathfrak{Z}_y^*$ und $\mathfrak{Z}_z^*$ der totalreflektierten Welle, genauer: aus den in diesen Darstellungen auftretenden Gestaltsfunktionen

$$g_y^* = a\left(\cos\vartheta_0^* \cos\alpha^* + \sin\vartheta_0^* \cos\varphi_0^* \cos\beta^* + \sin\vartheta_0^* \sin\varphi_0^* \cos\gamma^* - \frac{1}{\pi}\frac{\lambda}{a}\Delta_y\right)$$

und

$$g_z^* = a\left(\cos\vartheta_0^* \cos\alpha^* + \sin\vartheta_0^* \cos\varphi_0^* \cos\beta^* + \sin\vartheta_0^* \sin\varphi_0^* \cos\gamma^* - \frac{1}{\pi}\frac{\lambda}{a}\Delta_z\right),$$

worin Δ_y und Δ_z die oben in (5,9) bzw. (5,15) angegebene funktionale Abhängigkeit von α^*, β^*, γ^* besitzen. Für die zugehörigen Wellenflächen erhalten wir die koordinatenmäßige Darstellung, indem wir zunächst wieder die partiellen Ableitungen von g_y^* bzw. g_z^* nach $\cos\beta^*$ und $\cos\gamma^*$ bilden, wobei — wie früher — zu beachten ist, daß

$$\frac{\partial \sin\alpha^*}{\partial \cos\beta^*} = \frac{\cos\beta^*}{\sin\alpha^*}, \qquad \frac{\partial \sin\alpha^*}{\partial \cos\gamma^*} = \frac{\cos\gamma^*}{\sin\alpha^*}$$

$$\frac{\partial \cos\alpha^*}{\partial \cos\beta^*} = -\frac{\cos\beta^*}{\cos\alpha^*}, \qquad \frac{\partial \cos\alpha^*}{\partial \cos\gamma^*} = -\frac{\cos\gamma^*}{\cos\alpha^*}$$

ist.

Die Ausdrücke, die sich für $\frac{\partial g_y^*}{\partial \cos\beta^*}$ und $\frac{\partial g_y^*}{\partial \cos\gamma^*}$ ergeben, sind leider so umfangreich, daß wir — obwohl sie berechnet wurden — darauf verzichten müssen, sie hier wiederzugeben. Wir beschränken uns darauf, zwei für die Diskussion wichtige Grenzfälle, nämlich die Werte

$$\left(\frac{\partial g_y^*}{\partial \cos\beta^*}\right)_{\gamma^* = \frac{\pi}{2}} = \frac{\partial g_{yy}^*}{\partial \cos\beta^*} \quad \text{und} \quad \left(\frac{\partial g_y^*}{\partial \cos\beta^*}\right)_{\beta^* = \frac{\pi}{2}} = \frac{\partial g_{yz}^*}{\partial \cos\gamma^*}$$

hier mitzuteilen. Es ist

$$(1) \quad \begin{aligned} \left(\frac{\partial g_y^*}{\partial \cos\beta^*}\right)_{\gamma^* = \frac{\pi}{2}} &= \frac{\partial g_{yy}^*}{\partial \cos\beta^*} \\ &= a\left[-\cos\vartheta_0^* \frac{\cos\beta^*}{\cos\alpha^*} + \sin\vartheta_0^* \cos\varphi_0^* - \frac{2}{\pi}\frac{\lambda}{a}\frac{N^2 \operatorname{tg}\alpha^*}{(\sin^2\alpha^* - N^2\cos^2\alpha^*)\sqrt{\sin^2\alpha^* - N^2}}\right] \end{aligned}$$

$$(2) \quad \begin{aligned} \left(\frac{\partial g_y^*}{\partial \cos\gamma^*}\right)_{\beta^* = \frac{\pi}{2}} &= \frac{\partial g_{yz}^*}{\partial \cos\gamma^*} \\ &= a\left[-\cos\vartheta_0^* \frac{\cos\gamma^*}{\cos\alpha^*} + \sin\vartheta_0^* \sin\varphi_0^* - \frac{2}{\pi}\frac{\lambda}{a}\frac{\operatorname{tg}\alpha^*}{\sqrt{\sin^2\alpha^* - N^2}}\right], \end{aligned}$$

wo wir natürlich — wegen $\gamma^* = \frac{\pi}{2}$ bzw. $\beta^* = \frac{\pi}{2}$ — statt $\cos\beta^*$ bzw. $\cos\gamma^*$ auch $\sin\alpha^*$ hätten schreiben können.

Bei „$\gamma^* = \frac{\pi}{2}$" handelt es sich — wie der Vollständigkeit wegen nochmals ausdrücklich erwähnt sei — um die Spezialisierung für solche vom erregenden Dipol (mit $\mathfrak{Z} \equiv \mathfrak{Z}_y$) ausgehenden Strahlen, die (vor und nach ihrer Reflexion) parallel zur xy-Ebene verlaufen, während es sich bei „$\beta^* = \frac{\pi}{2}$" um die Spezialisierung für die (vor und nach ihrer Reflexion) parallel zur xz-Ebene verlaufenden Strahlen handelt.

Ferner sei ausdrücklich erwähnt, daß — wie an sich selbstverständlich — nachgeprüft wurde, daß die hier nicht mitgeteilten vollständigen Ausdrücke von $\frac{\partial g_y^*}{\partial \cos\beta^*}$ und $\frac{\partial g_y^*}{\partial \cos\gamma^*}$ für die Sonderfälle „$\gamma^* = \frac{\pi}{2}$" bzw. „$\beta^* = \frac{\pi}{2}$" in die angegebenen Ausdrücke übergehen, die sich einfacher aus den oben [(5,10), (5,11)] angegebenen spezialisierten Ausdrücken

$$(\operatorname{tg}\Delta_y)_{\gamma^* = \frac{\pi}{2}} = \operatorname{tg}\Delta_{yy} \text{ bzw. } (\operatorname{tg}\Delta_y)_{\beta^* = \frac{\pi}{2}} = \operatorname{tg}\Delta_{yz}$$

ergeben.

Aus g_z^* ergeben sich — ohne Beschränkung auf jene Spezialfälle — die Werte

$$(3) \quad \frac{\partial g_z^*}{\partial \cos\beta^*} = a\left[-\cos\vartheta_0^* \frac{\cos\beta^*}{\cos\alpha^*} + \sin\vartheta_0^* \cos\varphi_0^* - \frac{1}{\pi}\frac{\lambda}{a}\frac{(1+N^2)\sin\alpha^* \operatorname{tg}\alpha^* \cos\beta^*}{[\sin^2\alpha^* - N^2\cos^2\alpha^*]\sqrt{\sin^2\alpha^* - N^2}}\right]$$

$$(4) \quad \frac{\partial g_z^*}{\partial \cos\gamma^*} = a\left[-\cos\vartheta_0^* \frac{\cos\gamma^*}{\cos\alpha^*} + \sin\vartheta_0^* \sin\varphi_0^* - \frac{1}{\pi}\frac{\lambda}{a}\frac{(1+N^2)\sin\alpha^* \operatorname{tg}\alpha^* \cos\gamma^*}{[\sin^2\alpha^* - N^2\cos^2\alpha^*]\sqrt{\sin^2\alpha^* - N^2}}\right]$$

Mit diesen Werten der partiellen Ableitungen erhalten wir mit Benutzung der Formeln **(E, 8)** auf S. 8 wie früher die Gleichungen der Wellenflächen der totalreflektierten Wellenanteile $(\xi_y^*, \eta_y^*, \zeta_y^*)$ bzw. $(\xi_z^*, \eta_z^*, \zeta_z^*)$.

Setzen wir zur Abkürzung

$$\begin{aligned}\Sigma = {} & \cos^4\beta^*[N^4\cos^2\alpha^* + (\sin^2\alpha^* - N^2)]^2 + \cos^4\gamma^*(1-N^2)^2(\sin^2\alpha^* - N^2\cos^2\alpha^*)^2 \\ & + 2\cos^2\beta^*\cos^2\gamma^*(\sin^2\alpha^* - N^2\cos^2\alpha^*)\left[(N^2\cos^2\alpha^* + (\sin^2\alpha^* - N^2))^2\right. \\ & \left. - (1-N^2)^2\cos^2\alpha^*(\sin^2\alpha^* - N^2)\right],\end{aligned}$$

— wo Σ übrigens die Summe der Quadrate von Zähler und Nenner von $\operatorname{tg}\Delta_y$ darstellt —, und bedeuten weiter — mit $\operatorname{tg}\Delta_y = \frac{\Theta}{\Lambda}$ —

$$\Theta = 2\cos\alpha^*\sqrt{\sin^2\alpha^* - N^2}\left\{N^2\cos^2\beta^* + \cos^2\gamma^*(\sin^2\alpha^* - N^2\cos^2\alpha^*)\right\}$$

$$\Lambda = \cos^2\beta^*[(N^4+1)\cos^2\alpha^* - (1-N^2)] + \cos^2\gamma^*(\sin^2\alpha^* - N^2\cos^2\alpha^*)[2\cos^2\alpha^* - (1-N^2)]$$

$$\begin{aligned}B = {} & \frac{\Lambda}{\cos\alpha^*\sqrt{\sin^2\alpha^* - N^2}}\left[(\cos^2\alpha^* - (\sin^2\alpha^* - N^2))\frac{\Theta}{2\cos\alpha^*\sqrt{\sin^2\alpha^* - N^2}}\right. \\ & \left. + 2\cos^2\alpha^*\cos^2\gamma^*(1+N^2)(\sin^2\alpha^* - N)\right]\end{aligned}$$

$$C = 2\Lambda N^2\cos\alpha^*\sqrt{\sin^2\alpha^* - N^2}$$

$$D = 2\Lambda\cos\alpha^*\sqrt{\sin^2\alpha^* - N^2}(\sin^2\alpha^* - N^2\cos^2\alpha^*)$$

$$E = \Theta[\cos^2\beta^*(1+N^4) + \cos^2\gamma^*(1+N^2)(1-N^2-2\cos^2\alpha^*) + 2\cos^2\gamma^*(\sin^2\alpha^* - N^2\cos^2\alpha^*)]$$

$$F = \Theta[(1-N^2) - (1+N^4)\cos^2\alpha^*]$$

$$G = \Theta(\sin^2\alpha^* - N^2\cos^2\alpha^*)[(1-N^2) - 2\cos^2\alpha^*],$$

so lauten die Koordinaten ξ_y, η_y, ζ_y der Wellenflächenschar des $\mathfrak{Z}_y^*$-Anteils der totalreflektierten Welle

$$\begin{aligned}\xi_y^* = {} & a\cos\vartheta_0^* - \frac{2\lambda}{\pi}\cos\alpha^*\left\{\frac{1}{2}\operatorname{arc\,tg}\frac{\Theta}{\Lambda} - \frac{1}{\Sigma}[B\sin^2\alpha^*\right. \\ & \left. + C\cos^2\beta^* + D\cos^2\gamma^* + E\sin^2\alpha^* + F\cos^2\beta^* + G\cos^2\gamma^*] + \text{const}\right\} \\ \eta_y^* = {} & a\sin\vartheta_0^*\cos\varphi_0^* - \frac{2\lambda}{\pi}\cos\beta^*\left\{\frac{1}{2}\operatorname{arc\,tg}\frac{\Theta}{\Lambda} + \frac{1}{\Sigma}[B\cos^2\alpha^*\right. \\ & \left. + C\sin^2\beta^* - D\cos^2\gamma^* + E\cos^2\alpha^* + F\sin^2\beta^* - G\cos^2\gamma^*] + \text{const}\right\} \\ \zeta_y^* = {} & a\sin\vartheta_0^*\sin\varphi_0^* - \frac{2\lambda}{\pi}\cos\gamma^*\left\{\frac{1}{2}\operatorname{arc\,tg}\frac{\Theta}{\Lambda} + \frac{1}{\Sigma}[B\cos^2\alpha^*\right. \\ & \left. - C\cos^2\beta^* + D\sin^2\gamma^* + E\cos^2\alpha^* - F\cos^2\beta^* + G\sin^2\gamma^*] + \text{const}\right\}.\end{aligned} \tag{5}$$

Für die beiden oben erwähnten Grenzfälle, nämlich $\gamma^* = \frac{\pi}{2}$ bzw. $\beta^* = \frac{\pi}{2}$, vereinfachen sich die Gleichungen von ξ_y^*, η_y^*, ζ_y^* wesentlich. Sie stellen die Gleichungen der Schnittlinien der Wellenflächen mit einer durch (den erzeugenden Dipol) den Quellpunkt der Welle, gelegten, zur *xy-Ebene* bzw. zur *xz-Ebene* parallelen Ebene dar. Wir bezeichnen die Koordinaten dieser Schnittlinien der Wellenflächen — entsprechend den Δ_{yy} und Δ_{yz} — durch ξ_{yy}^*, η_{yy}^*, ($\zeta_{yy}^* = 0$) bzw. ξ_{yz}^*, ($\eta_{yz}^* = 0$), ζ_{yz}^*. Mit diesen Bezeichnungen wird

$$\begin{aligned}\xi_{yy}^* = {} & a\cos\vartheta_0^* - \frac{2\lambda}{\pi}\cos\alpha^*\left\{\frac{1}{2}\operatorname{arc\,tg}\frac{2N^2\cos\alpha^*\sqrt{\sin^2\alpha^* - N^2}}{N^4\cos^2\alpha^* - (\sin^2\alpha^* - N^2)}\right. \\ & \left. - \frac{N^2\sin^2\alpha^*}{\cos\alpha^*(\sin^2\alpha^* - N^2\cos^2\alpha^*)\sqrt{\sin^2\alpha^* - N^2}} + \text{const}\right\} \\ \eta_{yy}^* = {} & a\sin\vartheta_0^* - \frac{2\lambda}{\pi}\sin\alpha^*\left\{\frac{1}{2}\operatorname{arc\,tg}\frac{2N^2\cos\alpha^*\sqrt{\sin^2\alpha^* - N^2}}{N^4\cos^2\alpha^* - (\sin^2\alpha^* - N^2)}\right. \\ & \left. + \frac{N^2\cos^2\alpha^*}{\cos\alpha^*(\sin^2\alpha^* - N^2\cos^2\alpha^*)\sqrt{\sin^2\alpha^* - N^2}} + \text{const}\right\} \\ \zeta_{yy}^* = {} & 0\end{aligned} \tag{6}$$

bzw.

$$\xi^*_{yz} = a\cos\vartheta_0^* - \frac{2\lambda}{\pi}\cos\alpha^*\left\{\frac{1}{2}\operatorname{arc\,tg}\frac{2\cos\alpha^*\sqrt{\sin^2\alpha^* - N^2}}{\cos^2\alpha^* - (\sin^2\alpha^* - N^2)} - \frac{\sin^2\alpha^*}{\cos\alpha^*\sqrt{\sin^2\alpha^* - N^2)}} + \text{const}\right\}$$

$$(7)\quad \eta^*_{yz} = 0$$

$$\zeta^*_{yz} = a\sin\vartheta_0^* - \frac{2\lambda}{\pi}\sin\alpha^*\left\{\frac{1}{2}\operatorname{arc\,tg}\frac{2\cos\alpha^*\sqrt{\sin^2\alpha^* - N^2}}{\cos^2\alpha^* - (\sin^2\alpha^* - N^2)} + \frac{\cos^2\alpha^*}{\cos\alpha^*\sqrt{\sin^2\alpha^* - N^2}} + \text{const}\right\}.$$

Aus diesen Gleichungen entnehmen wir — nach dem gleichen Verfahren wie oben (S. 19), indem wir die const so wählen, daß für einen bestimmten Wert α^*, also für eine bestimmte Strahlrichtung, $\eta^*_{yy} = a\sin\vartheta_0^*$, bzw. daß $\zeta^*_{yz} = a\sin\vartheta_0^*$ wird —, daß die unter dem Winkel α gegen die x-Achse einfallenden, also unter dem Winkel $\alpha^* = \pi - \alpha$ reflektierten Strahlen, sofern sie in der xy-Ebene verlaufen, herzukommen scheinen von einem Punkte

$$(8)\qquad (\xi^*_{yy})_0 = a\cos\vartheta_0^* + \frac{2\lambda}{\pi}\cdot\frac{N^2}{(\sin^2\alpha^* - N^2\cos^2\alpha^*)\sqrt{\sin^2\alpha^* - N^2}}$$

und — sofern sie in der xz-Ebene verlaufen — von einem Punkte

$$(9)\qquad (\xi^*_{yz})_0 = a\cos\vartheta_0^* + \frac{2\lambda}{\pi}\,\frac{(1+N^2)}{(1-N^2)\sqrt{\sin^2\alpha^* - N^2}}$$

der Verlängerung des vom strahlenden Dipol auf die Trennungsebene beider Medien gefällten Lotes. Die totalreflektierten Strahlen besitzen also wieder eine von ihrem Einfallswinkel α bzw. Reflexionswinkel $\alpha^* = \pi - \alpha$ $\left(\text{mit } \sin\alpha > N \text{ und } N = \frac{n'}{n} < 1\right)$ abhängige sphärische Aberration, die aber noch von der Neigung der Einfallsebene gegen die Richtung des (parallel zur Trennungsebene beider Medien) schwingenden Dipols abhängt und (Abb. 9) in der xy-Ebene den Betrag

$$(10)\qquad \Delta s^*_{yy} = \frac{2\lambda}{\pi}\,\frac{N^2}{(\sin^2\alpha^* - N^2\cos^2\alpha^*)\sqrt{\sin^2\alpha^* - N^2}}$$

in der dazu senkrechten $\bar\xi\,\bar\zeta$-Ebene (in unserer früheren Bezeichnungsweise — Abb. 4, S. 19 —) den Betrag

$$(11)\qquad \Delta s^*_{yz} = \frac{2\lambda}{\pi}\cdot\frac{1}{\sqrt{\sin^2\alpha^* - N^2}}$$

besitzt, um in den Ebenen anderer Neigung gegen die Schwingungsrichtung des Dipols dazwischenliegende Beträge — aber „cum grano salis" (s. S. 45 u. f.) — anzunehmen.

Die scheinbare „Eindringtiefe" der Strahlen in das zweite, optisch dünnere Medium hat wieder den Wert $\frac{1}{2}\cdot\Delta s'_y$, ist also gleichfalls „azimutabhängig". Das totalreflektierte Strahlenbündel, das dem Hertzschen Vektor $\mathfrak{Z}^*_y$ entspricht, also: die totalreflektierte *Teil*welle, deren Hertzscher Vektor zu dem der einfallenden Welle parallel — und wie dieser: parallel zur Trennungsebene beider Medien — schwingt, besitzt also nicht nur sphärische Aberration (in den einzelnen Einfallsebenen), sondern ist darüber hinaus auch astigmatisch.

Weiter erkennen wir, daß die „Strahlen" dieser zum Hertzschen Vektor $\mathfrak{Z}^*_y$ gehörigen *Teil*welle der totalreflektierten Gesamtwelle, deren zugehörige einfallende Welle durch den Dipol vom Hertzschen Vektor $\{0,\ \mathfrak{Z}_y,\ 0\}$ gegeben war, in der Trennungsebene beider Medien — sowie selbstverständlich auch in den zu dieser parallelen Ebene innerhalb des den strahlenden Dipol selbst enthaltenden Mediums — eine „Strahlverschiebung" besitzen, die gleichfalls „azimutabhängig" ist, also abhängig ist von der Neigung der „Einfallsebene" der Strahlen gegen die durch die Schwingungsrichtung des Dipols parallel zur xy-*Ebene* gelegten Ebene.

In dieser durch den Dipol parallel zur *xy-Ebene* gelegten Ebene besitzt die *Strahlverschiebung* den Wert

$$(12)\qquad -\frac{2\lambda}{\pi}\,\frac{N^2}{(\sin^2\alpha^*-N^2\cos^2\alpha^*)\sqrt{\sin^2\alpha^*-N^2}}\,\operatorname{tg}\alpha^*\;(>0,\ \text{da}\ \operatorname{tg}\alpha^*=\operatorname{tg}(\pi-\alpha)<0).$$

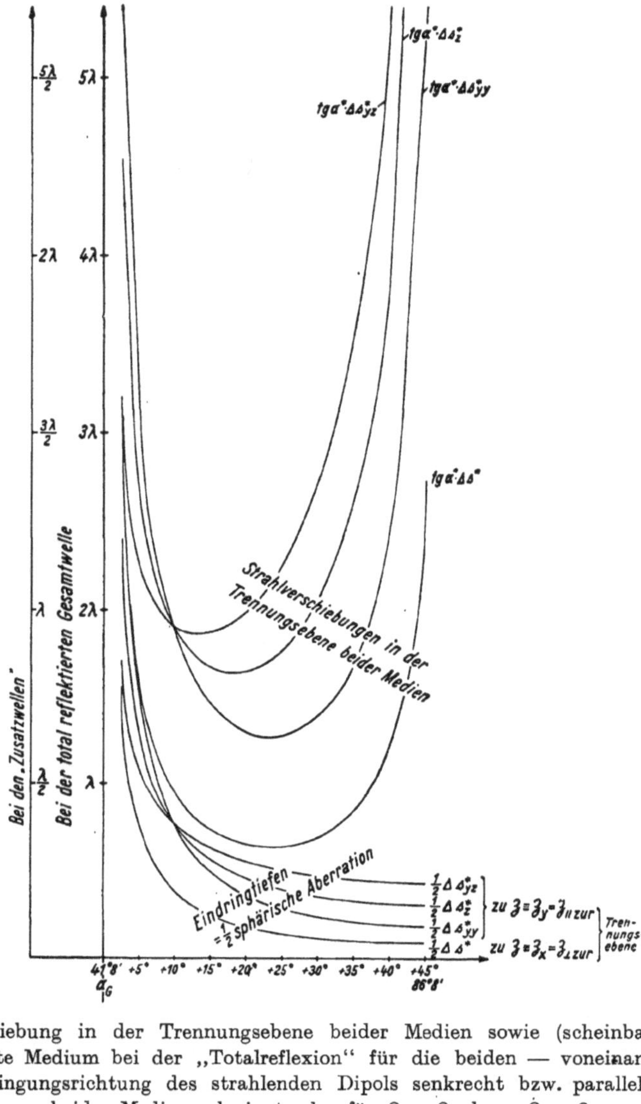

Abb. 9. Strahlverschiebung in der Trennungsebene beider Medien sowie (scheinbare) Eindringtiefe der Strahlen in das zweite Medium bei der „Totalreflexion" für die beiden — voneinander verschiedenen — Fälle, daß die Schwingungsrichtung des strahlenden Dipols senkrecht bzw. parallel zur Trennungsebene beider Medien schwingt, also für $\mathfrak{Z}=\mathfrak{Z}_\perp$ bzw. $\mathfrak{Z}=\mathfrak{Z}_\parallel$.

In der dazu senkrechten, zur *xz-Ebene* parallelen Ebene besitzt sie den Wert

$$(13)\qquad -\frac{2\lambda}{\pi}\,\frac{1}{\sqrt{\sin^2\alpha^*-N^2}}\,\operatorname{tg}\alpha^*\,(>0,\ \text{s. o.}),$$

während sie in den übrigen Einfallsebenen andere, zwischen beiden liegende Werte und gegen die Einfallsebene des betreffenden „Strahles" geneigte Richtungen annimmt.

Aus (5) erkennen wir nämlich, daß die zum $\mathfrak{Z}_y^*$-Anteil der totalreflektierten Welle gehörige Wellenflächenschar nicht rotationssymmetrisch zu dem vom strahlenden Dipol auf die Trennebene beider Medien gefällten Lote ist, da ja $C \neq D$ und $F \neq G$ ist.

Wählen wir jetzt die Konstante in den Gleichungen der Wellenflächenschar speziell so, daß für ein bestimmtes Wertetripel α_1^*, β_1^*, γ_1^* der zugehörige η_y^*-Wert gleich $a \sin\vartheta_0^* \cos\varphi_0^*$ ist, so ergibt sich mit dem Wert der Konstanten

$$(14)\qquad \begin{aligned} \xi_y^* &= a\cos\vartheta_0^* + \frac{2\lambda}{\pi}\cos\alpha^* \frac{1}{\Sigma}[B + C + E + F] \\ \zeta_y^* &= a\sin\vartheta_0^* \sin\varphi_0^* + \frac{2\lambda}{\pi}\cos\gamma^*[C - D + F - G]. \end{aligned}$$

Wählen wir andererseits die Konstante so, daß — etwa für das gleiche Wertetripel α_1^*, β_1^*, γ_1^* — der zugehörige ζ_y^*-Wert gleich $a \sin\vartheta_0^* \sin\varphi_0^*$ ist, so ergibt sich mit diesem Wert der Konstanten

$$(15)\qquad \begin{aligned} \xi_y^* &= a\cos\vartheta_0^* + \frac{2\lambda}{\pi}\cos\alpha^* \frac{1}{\Sigma}[B + D + E + G] \\ \eta_y^* &= a\sin\vartheta_0^* \cos\varphi_0^* + \frac{2\lambda}{\pi}\cos\beta^* \frac{1}{\Sigma}[C + D + F + G]. \end{aligned}$$

In diesen Gleichungen ist noch

$$(16)\qquad C - D + F - G = 2(1 - N^2)^2 \sin^4\alpha^* \cos\alpha^* (\sin^2\alpha - N^2\cos^2\alpha^*)\sqrt{\sin^2\alpha^* - N^2}.$$

Für den Spezialfall, daß $\gamma = \gamma^* = \frac{\pi}{2}$, der einfallende sowie der totalreflektierte Strahl also in der zur xy-Ebene parallelen Ebene (durch den strahlenden Dipol) verlaufen, wird für

$$\eta_y^* = a\sin\vartheta_0^*\cos\varphi_0^* \quad \text{auch} \quad \zeta_y^* = a\sin\vartheta_0^*\sin\varphi_0^*, \quad \text{also} \quad \varrho_y^* = a\sin\vartheta_0^*$$

während

$$(17)\qquad (\xi_y^* - a\cos\vartheta_0^*)_{\gamma^* = \frac{\pi}{2}} = \frac{2\lambda}{\pi}\cos\alpha^* \frac{1}{\Sigma}[B + C + E + F] = \Delta s_{yy}^*$$

den Betrag der „sphärischen Aberration" des totalreflektierten (ebenen) Strahlen*büschels* dieser der xy-Ebene parallelen Ebene angibt.

Entsprechend wird für $\beta = \beta^* = \frac{\pi}{2}$, also für den Fall, daß einfallender und totalreflektierter Strahl in der zur xz-Ebene parallelen Ebene (durch den strahlenden Dipol) verlaufen, mit $\zeta_y^* = a\sin\vartheta_0^*\sin\varphi_0^*$ auch $\eta_y^* = a\sin\vartheta_0^*\cos\varphi_0^*$, also $\varrho_y^* = a\sin\vartheta_0^*$, während

$$(18)\qquad (\xi_y^* - a\cos\vartheta_0^*)_{\beta^* = \frac{\pi}{2}} = \frac{2\lambda}{\pi}\cos\alpha^* \frac{1}{\Sigma}[B + D + E + G] = \Delta s_{yz}^*$$

den Betrag der „sphärischen Aberration" des totalreflektierten (ebenen) Strahlen*büschels* dieser zur xz-Ebene parallelen Ebene angibt.

In den von $\beta = \beta^* = \frac{\pi}{2}$ und $\gamma = \gamma^* = \frac{\pi}{2}$ verschiedenen Schnitten durch den strahlenden Dipol liegen aber die Verhältnisse wesentlich komplizierter. Der „Strahl", der nach der „Totalreflexion" die Richtung α^*, β^*, γ^* besitzt und dementsprechend als „totalreflektierter" Strahl zuzuordnen ist dem *einfallenden* Strahl der Richtung $\alpha = \pi - \alpha^*$, $\beta = \beta^*$ $\gamma = \gamma^*$ und als „totalreflektierter Strahl" in der durch den Dipol und den einfallenden Strahl — bzw. durch den einfallenden Strahl und das Einfallslot — gelegten „Einfallsebene" verlaufen *sollte*, verläuft nach der Totalreflexion *nicht* in dieser Einfallsebene, sondern in einer zu dieser Einfallsebene *parallelen* (und zur Trennebene beider Medien senkrechten) Ebene.

Wir haben es also bei diesem „totalreflektierten Strahlenbündel", dieser totalreflektierten Welle offensichtlich mit einer astigmatischen Welle besonderer Art zu tun, deren Wellenflächen zwei zueinander senkrecht liegende „Hauptkrümmungsschnitte" besitzen, in denen die zugehörigen Wellennormalen, die totalreflektierten „Strahlen", sphärische Aberration besitzen, und zwar in beiden Schnitten von verschieden hohem Betrage. Die Strahlen dieser beiden Schnitte gehen also — rückwärts verlängert — durch die Verlängerung des vom strahlenden Dipol auf die Trennebene beider Medien gefällten Lotes. Die Strahlen dieser beiden Hauptschnitte erfahren bei ihrer Totalreflexion eine in ihrer *Einfallsebene* gelegene „Strahlverschiebung".

Die Strahlen dagegen, die — als „einfallende Strahlen" — in Schnitten verlaufen, die gegen die beiden Hauptkrümmungsschnitte geneigt sind, erfahren bei der Totalreflexion nicht nur eine „Strahlverschiebung" in ihrer Einfallsebene, sondern außerdem eine Strahlverschiebung *senkrecht* zu ihrer Einfallsebene, deren Beträge sich aus den angegebenen Gleichungen errechnen lassen.

Mit Benutzung des durch (5,12) [S. 38] definierten Hilfswinkels χ, mit dem sich $\operatorname{tg} \Delta_y (= \operatorname{tg} \Delta_{y\chi})$ in einfacherer Weise durch die beiden speziellen Werte

$$\operatorname{tg} \Delta_{yy} \left[= (\operatorname{tg} \Delta_y)_{\gamma^* = \frac{\pi}{2}} = (\operatorname{tg} \Delta_{y\chi})_{\chi = \frac{\pi}{2}} \right] \quad \text{und} \quad \operatorname{tg} \Delta_{yz} \left[= (\operatorname{tg} \Delta_y)_{\beta^* = \frac{\pi}{2}} = (\operatorname{tg} \Delta_{y\chi})_{\chi = 0} \right]$$

durch (5,13) [S. 38] darstellen läßt, ergeben sich die Koordinaten ξ_y^*, η_y^*, ζ_y^* der Wellenflächenschar des $\mathfrak{Z}_y^*$-Anteils der totalreflektierten Welle zu

$$\begin{aligned}
\xi_y^* &= a \cos \vartheta_0^* - \frac{\lambda}{\pi} \cos \alpha^* \Bigg\{ \Delta_{y\chi} + \sin^2 \Delta_{y\chi} \frac{(1 - N^2)^2 \sin^2 \alpha^*}{\cos \alpha^* \sqrt{\sin^2 \alpha^* - N^2}} \cdot \\
&\quad \cdot \left[\frac{(1 + N^2) \sin^2 \alpha^*}{N^2 (\sin^2 \alpha^* - N^2 \cos^2 \alpha^*)} \sin^2 \chi \cos^2 \chi - \frac{\sin^2 \alpha^* \cos^2 \chi}{2 \cos^2 \alpha^* (\sin^2 \alpha^* - N^2) \cos^2 \gamma^*} \right] + \text{const} \Bigg\} \\
\eta_y^* &= a \sin \vartheta_0^* \cos \varphi_0^* - \frac{\lambda}{\pi} \cos \beta^* \Bigg\{ \Delta_{y\chi} + \sin^2 \Delta_{y\chi} \frac{(1 - N^2)^2 \sin^2 \alpha^*}{\cos \alpha^* \sqrt{\sin^2 \alpha^* - N^2}} \cdot \\
&\quad \cdot \left[\left(\frac{-(1 + N^2) \cos^2 \alpha^*}{N^2 (\sin^2 \alpha^* - N^2 \cos^2 \alpha^*)} + \frac{1}{N^2 \cos^2 \beta^*} \right) \sin^2 \chi \cos^2 \chi + \frac{\cos^2 \alpha^* \cos^2 \chi}{2 \cos^2 \alpha^* (\sin^2 \alpha^* - N^2) \cos^2 \gamma^*} \right] + \text{const} \Bigg\} \\
\zeta_y^* &= a \sin \vartheta_0^* \sin \varphi_0^* - \frac{\lambda}{\pi} \cos \gamma^* \Bigg\{ \Delta_{y\chi} + \sin^2 \Delta_{y\chi} \frac{(1 - N^2)^2 \sin^2 \alpha^*}{\cos \alpha^* \sqrt{\sin^2 \alpha^* - N^2}} \cdot \\
&\quad \cdot \left[\left(\frac{-(1 + N^2) \cos^2 \alpha^*}{N^2 (\sin^2 \alpha^* - N^2 \cos^2 \alpha^*)} - \frac{1}{N^2 \cos^2 \gamma^*} \right) \sin^2 \chi \cos^2 \chi + \frac{\cos^2 \alpha^* \cos^2 \chi}{2 \cos^2 \alpha^* (\sin^2 \alpha^* - N^2) \cos^2 \gamma^*} \right] + \text{const} \Bigg\}
\end{aligned} \tag{19}$$

mit

$$\Delta_{y\chi} = \operatorname{arc\,cotg} \left(\frac{\sin^2 \chi}{\operatorname{tg} \Delta_{yy}} + \frac{\cos^2 \chi}{\operatorname{tg} \Delta_{yz}} \right).$$

Auch aus diesen Ausdrücken können wir wieder durch zweckentsprechende Wahl des Wertes der Konstanten den Verlauf einer *speziell herausgegriffenen Wellenflächennormalen*, eines „totalreflektierten *Strahles*", näher diskutieren.

Für

$$\begin{aligned}
\text{const} = &- \Delta_{y\chi} - \sin^2 \Delta_{y\chi} \frac{(1 - N^2) \sin^2 \alpha^*}{\cos \alpha^* \sqrt{\sin^2 \alpha^* - N^2}} \left[\frac{(1 + N^2) \sin^2 \alpha^*}{N^2 (\sin^2 \alpha^* - N^2 \cos^2 \alpha^*)} \cdot \sin^2 \chi \cos^2 \chi \right. \\
&\left. - \frac{\sin^2 \alpha^* \cos^2 \chi}{2 \cos^2 \alpha^* (\sin^2 \alpha^* - N^2) \cos^2 \gamma^*} \right] + \frac{\pi}{\lambda} a \frac{\cos \vartheta_0^*}{\cos \alpha^*}
\end{aligned}$$

— mit $\alpha^* = \alpha_1^*$, $\beta^* = \beta_1^*$, $\gamma^* = \gamma_1^*$, $\chi = \chi_1$ — wird für dieses spezielle Wertetripel α_1^*, β_1^*, γ_1^*

$$\xi_y^* = 0$$

$$\eta_y^* = a \sin\vartheta_0^* \cos\varphi_0^* - a\cos\vartheta_0^* \frac{\cos\beta^*}{\cos\alpha^*} - \frac{\lambda}{\pi}\cos\beta^* \Big\{ \sin^2 \Delta_{y\chi} \frac{(1-N^2)^2 \sin^2\alpha^*}{\cos\alpha^* \sqrt{\sin^2\alpha^* - N^2}} \cdot$$

(20) $$\cdot \left[\left(\frac{-(1+N^2)}{N^2(\sin^2\alpha^* - N^2\cos^2\alpha^*)} + \frac{1}{N^2\cos^2\beta^*} \right) \sin^2\chi \cos^2\chi + \frac{\cos^2\chi}{2\cos^2\alpha^*(\sin^2\alpha^* - N^2)\cos^2\gamma^*} \right] \Big\}$$

$$\zeta_y^* = a\sin\vartheta_0^* \sin\varphi_0^* - a\cos\vartheta_0^* \frac{\cos\gamma^*}{\cos\alpha^*} - \frac{\lambda}{\pi}\cos\gamma^* \Big\{ \sin^2\Delta_{y\chi} \frac{(1-N^2)^2\sin^2\alpha^*}{\cos\alpha^*\sqrt{\sin^2\alpha^* - N^2}} \cdot$$

$$\cdot \left[\left(\frac{-(1+N^2)}{N^2(\sin^2\alpha^* - N^2\cos^2\alpha^*)} - \frac{1}{N^2\cos^2\gamma^*} \right) \sin^2\chi\cos^2\chi + \frac{\cos^2\chi}{2\cos^2\alpha^*(\sin^2\alpha^* - N^2)\cos^2\gamma^*} \right] \Big\}.$$

Würde der reflektierte Strahl *in* seiner Einfallsebene verbleiben, so müßte $\frac{\zeta^*}{\eta^*} = \operatorname{tg}\varphi_0^* = \frac{\cos\gamma^*}{\cos\beta^*}$ sein. Das *wäre* — da $\cos\varphi^* = \frac{\cos\beta^*}{\sin\vartheta^*}$ und $\sin\varphi_0^* = \frac{\cos\gamma^*}{\sin\vartheta^*}$ ist — der Fall, wenn die $\{\ \}$ in η_y^* und ζ_y^* einander gleich wären, was aber *nicht* zutrifft. Mit

(21) $$\eta_y^* - a\sin\vartheta_0^*\cos\varphi_0^* = \bar{\eta}_y^* \quad \text{sowie} \quad \zeta_y^* - a\sin\vartheta_0^*\sin\varphi_0^* = \bar{\zeta}_y^*$$

erhalten wir für die *Schnittpunkte* der in Richtung α^*, β^*, γ^* total*reflektierten* Strahlen *mit der Trennebene* $\xi = 0$ beider Medien [wenn wir die außer vom Einfallswinkel α auch vom Azimut (φ) der Einfallsebene des einfallenden Strahles — und demnach von χ (bzw. von $\Phi^* = \frac{\pi}{2} - \chi$) — abhängende „*Strahlversetzung*" (in der Trennungsebene beider Medien) durch $\Delta\varrho = \Delta\varrho(\chi)$ bezeichnen und $\Delta\varrho$ in 3 Anteile zerlegen, nämlich in einen Anteil $(\Delta\varrho)_\chi$ und in zwei zueinander senkrechte, zur Schwingungsrichtung (y-Achse) des strahlenden Dipols parallele bzw. senkrechte Anteile $\Delta\varrho_{\chi y}$ bzw. $\Delta\varrho_{\chi z}$] die folgende leicht diskutierbare Beziehung:

(22) $$\sqrt{\left\{ \begin{aligned} &\left(\bar{\eta}_y^* + \frac{\lambda}{\pi}\sin^2\Delta_{y\chi}\frac{(1-N^2)^2\sin^2\alpha^*}{\cos\alpha^*\sqrt{\sin^2\alpha^*-N^2}}\,\frac{\sin^2\chi\cos^2\chi}{N^2\cos\beta^*}\right)^2 + \\ &+\left(\bar{\zeta}_y^* - \frac{\lambda}{\pi}\sin^2\Delta_{y\chi}\frac{(1-N^2)^2\sin^2\alpha^*}{\cos\alpha^*\sqrt{\sin^2\alpha^*-N^2}}\,\frac{\sin^2\chi\cos^2\chi}{N^2\cos\gamma^*}\right)^2 \end{aligned} \right\}} = \sqrt{[\bar{\eta}_y^* + (\Delta\varrho)_{\chi y}]^2 + \bar{\zeta}_y^* + (\Delta\varrho)_{\chi z}]^2}$$

$$= -a\cos\vartheta_0^*\operatorname{tg}\alpha^* + \frac{\lambda}{\pi}\operatorname{tg}\alpha^*\sin^2\Delta_{y\chi}\frac{(1-N^2)^2\sin^2\alpha^*}{\sqrt{\sin^2\alpha^*-N^2}}\cdot$$

$$\cdot\left[\frac{(1+N^2)\sin^2\chi}{N^2(\sin^2\alpha^*-N^2\cos^2\alpha^*)} - \frac{1}{2\cos^2\alpha^*(\sin^2\alpha^*-N^2)\cos^2\gamma^*}\right]\cos^2\chi$$

$$= -a\cos\vartheta_0^*\operatorname{tg}\alpha^* + (\Delta\varrho)_\chi$$

$$\beta^* = \frac{\pi}{2} \text{ besagt: } \sin\chi = 0; \quad \Delta_{y\chi} = \Delta_{yz}$$

$$\gamma^* = \frac{\pi}{2} \text{ besagt: } \cos\chi = 0, \quad \text{aber } \frac{\cos^2\chi}{\cos^2\gamma^*} = \frac{\sin^2\alpha^* - N^2\cos^2\alpha^*}{N^2\sin^2\alpha^*}; \quad \Delta_{y\chi} = \Delta_{yy}.$$

Für $\beta^* = \frac{\pi}{2}$ erhalten wir demnach *für* $\xi_y^* = 0$

$$\left(\sqrt{\bar{\eta}_y^{*2} + \bar{\zeta}_y^{*2}}\right)_{\beta^* = \frac{\pi}{2}} = \varrho_{yz}^* = -a\cos\vartheta_0^*\operatorname{tg}\alpha^* - \frac{\lambda}{\pi}\operatorname{tg}\alpha^*\sin^2\Delta_{yz}\frac{(1-N^2)^2}{\sqrt{\sin^2\alpha^*-N^2}}\,\frac{1}{2\cos^2\alpha^*(\sin^2\alpha^*-N^2)}.$$

Aus (5,11) [S. 38] folgt nun

$$\sin^2\Delta_{yz} = \frac{4\cos^2\alpha^*(\sin^2\alpha^*-N^2)}{(1-N^2)^2}, \quad \text{so daß}$$

(23) $$\text{für } \beta^* = \frac{\pi}{2} \qquad \varrho_{yz}^* = -a\cos\vartheta_0^*\operatorname{tg}\alpha^* - \frac{2\lambda}{\pi}\,\frac{\operatorname{tg}\alpha^*}{\sqrt{\sin^2\alpha^*-N^2}}$$

Für $\gamma^* = \frac{\pi}{2}$ erhalten wir *für* $\xi_y^* = 0$

$$\varrho_{y\,y}^* = -\,a\cos\vartheta_0^*\,\mathrm{tg}\,\alpha^* - \frac{\lambda}{\pi}\,\mathrm{tg}\,\alpha^*\sin^2\Delta_{y\,y}\,\frac{(1-N^2)^2\sin^2\alpha^*}{\sqrt{\sin^2\alpha^*-N^2}}\,\frac{\sin^2\alpha^*-N^2\cos^2\alpha^*}{N^2\sin^2\alpha^*}\,\frac{1}{2\cos^2\alpha^*(\sin^2\alpha^*-N^2)}$$

Aus (5,10) [S. 38] folgt nun:

$$\sin^2\Delta_{y\,y} = \frac{4\,N^4\cos^2\alpha^*(\sin^2\alpha^*-N^2)}{[N^4\cos^2\alpha^*+(\sin^2\alpha^*-N^2)]^2} = \frac{4\,N^4\cos^2\alpha^*(\sin^2\alpha^*-N^2)}{(1-N^2)^2(\sin^2\alpha^*-N^2\cos^2\alpha^*)^2},\quad \text{so daß}$$

(24) für $\gamma^* = \frac{\pi}{2}$

$$\varrho_{y\,y}^* = -\,a\cos\vartheta_0^*\,\mathrm{tg}\,\alpha - \frac{2\,\lambda}{\pi}\,\mathrm{tg}\,\alpha^*\,\frac{N^2}{(\sin^2\alpha^*-N^2\cos^2\alpha^*)\sqrt{\sin^2\alpha^*-N^2}}$$

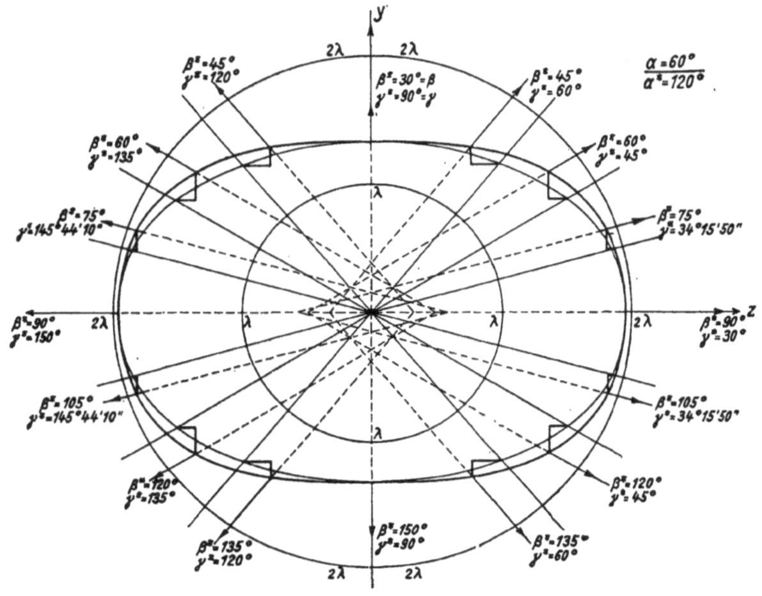

Abb. 10. Darstellung der $\mathfrak{Z}_y^*$-Strahlversetzungen der bei Totalreflexion reflektierten Strahlen für den Fall, daß der strahlende Dipol parallel zur Trennungsebene beider Medien schwingt. Die „Strahlen" erfahren nicht nur eine von der Größe des Einfallswinkels abhängige Strahlverschiebung *in* ihrer Einfallsebene, sondern auch eine vom Azimut ihrer Einfallsebene gegen die Schwingungsrichtung des strahlenden Dipols abhängige Parallel-Versetzung *senkrecht* zu ihrer Einfallsebene. Die Zeichenebene stellt die Verhältnisse dar, bezogen (und gewissermaßen „projiziert") auf einen zur Trennungsebene parallelen Schnitt durch das „ideale" Spiegelbild des Dipols. Das reflektierte Strahlenbündel besitzt hier also eine (besondere) Art „Astigmatismus".

Abb. 10 gibt — für einen bestimmten Einfallswinkel $\alpha\,(= 60°)$ der einfallenden Strahlen, also für die Strahlen eines Strahlenkegel*mantels* — die „Strahlversetzung" (in der Trennungsebene beider Medien und demnach auch in jeder beliebigen zu ihr parallelen Ebene) der zum $\mathfrak{Z}_y^*$-Anteil der totalreflektierten Gesamtwelle gehörigen Strahlen an. Die vom Mittelpunkt der Zeichnung ausgehenden, schwächer ausgezogenen Geraden geben durch den Abstand ihres Schnittpunktes mit der *inneren* (ellipsenähnlichen) Kurve vom Mittelpunkt der Zeichnung den Strahlversetzungsanteil $(\Delta\varrho)_\chi$, den die Strahlen des angegebenen β^*, γ^*-Wertes besitzen würden, *wenn* sie nach der Totalreflexion in ihrer ursprünglichen Einfallsebene verlaufen würden, wenn also $(\Delta\varrho)_{\chi\,y} = (\Delta\varrho)_{\chi\,z} = 0$ wäre. Die beiden Strahlversetzungsanteile $(\Delta\varrho)_{\chi\,y}$ und $(\Delta\varrho)_{\chi\,z}$ bewirken, daß die totalreflektierten Strahlen noch eine zusätzliche Strahlversetzung $\sqrt{(\Delta\varrho)^2_{\chi y} + (\Delta\varrho)^2_{\chi z}}$ *senkrecht zu ihrer Einfallsebene*[24]) erleiden, so daß die mit „Pfeilspitze" versehenen Geraden die tatsächliche Strahlversetzung der zu $\mathfrak{Z}^*_y$ gehörigen totalreflektierten Strahlen angeben.

Man erkennt insbesondere, daß für diese Strahlen „einfallender Strahl, Einfallslot und reflektierter Strahl" *nicht mehr* in der gleichen Ebene liegen, dieser Teil des SNELLIUSschen Reflexionsgesetzes hier also *nicht mehr* gilt — *sofern* man überhaupt davon reden darf, daß der totalreflektierte Strahl die *individuelle Fortsetzung des* einfallenden Strahles ist, der mit ihm den dem Betrage nach gleichen Winkel mit dem Einfallslot bildet und dessen „Azimut der Einfallsebene" sich vom Azimut der „Reflexionsebene" des totalreflektierten Strahles um π unterscheidet.

Für die zum HERTZschen Vektor $\{0, 0, \mathfrak{Z}^*_z\}$ gehörende Teilwelle der totalreflektierten Welle ergeben sich aus g^*_z die Koordinaten der zugehörigen Wellenflächen zu

$$
(25)\quad
\begin{aligned}
\xi^*_z &= a\cos\vartheta^*_0 - \frac{\lambda}{\pi}\cos\alpha^*\left\{\operatorname{arc\,tg}\frac{(1-N^2)-(1+N^2)\cos^2\alpha^*}{(1+N^2)\cos\alpha^*\sqrt{\sin^2\alpha^*-N^2}}\right.\\
&\quad\left. - \frac{(1+N^2)\sin^4\alpha^*}{(\sin^2\alpha^*-N^2\cos^2\alpha^*)\cos\alpha^*\sqrt{\sin^2\alpha^*-N^2}} + \text{const}\right\}\\
\eta^*_z &= a\sin\vartheta^*_0\cos\varphi^*_0 - \frac{\lambda}{\pi}\cos\beta^*\left\{\operatorname{arc\,tg}\frac{(1-N^2)-(1+N^2)\cos^2\alpha^*}{(1+N^2)\cos\alpha^*\sqrt{\sin^2\alpha^*-N^2}}\right.\\
&\quad\left. + \frac{(1+N^2)\sin^2\alpha^*\cos\alpha^*}{(\sin^2\alpha^*-N^2\cos^2\alpha^*)\sqrt{\sin^2\alpha^*-N^2}} + \text{const}\right\}\\
\zeta^*_z &= a\sin\vartheta^*_0\sin\varphi^*_0 - \frac{\lambda}{\pi}\cos\gamma^*\left\{\operatorname{arc\,tg}\frac{(1-N^2)-(1+N^2)\cos^2\alpha^*}{(1+N^2)\cos\alpha^*\sqrt{\sin^2\alpha^*-N^2}}\right.\\
&\quad\left. + \frac{(1+N^2)\sin^2\alpha^*\cos\alpha^*}{(\sin^2\alpha-N^2\cos^2\alpha^*)\sqrt{\sin^2\alpha^*-N^2}} + \text{const}\right\},
\end{aligned}
$$

worin $(\xi^*_0, \eta^*_0, \zeta^*_0) = (a\cos\vartheta^*_0,\ a\sin\vartheta^*_0\cos\varphi^*_0,\ a\sin\vartheta^*_0\sin\varphi^*_0)$ wieder die Lagekoordinaten des *idealen* Bildpunktes sind, so daß mit $\sqrt{(\eta-\eta^*_0)^2+(\zeta-\zeta^*_0)^2} = \bar{\varrho}$ und $\bar{\xi} = -(\xi-\xi^*_0)$ die Gleichungen der Wellenflächen der durch den HERTZschen Vektor $\mathfrak{Z}^*_z$ gegebenen reflektierten Teilwelle geschrieben werden können:

$$
(26)\quad
\begin{aligned}
\bar{\xi}^*_z &= -\frac{\lambda}{\pi}\cos\bar{\alpha}^*\left\{\operatorname{arc\,tg}\frac{(1+N^2)\cos^2\bar{\alpha}^*-(1-N^2)}{(1+N^2)\cos\bar{\alpha}^*\sqrt{\sin^2\bar{\alpha}^*-N^2}}\right.\\
&\quad\left. + \frac{(1+N^2)\sin^4\bar{\alpha}^*}{(\sin^2\bar{\alpha}^*-N^2\cos^2\bar{\alpha}^*)\cos\bar{\alpha}^*\sqrt{\sin^2\bar{\alpha}^*-N^2}} + \text{const}\right\}\\
\bar{\varrho}^*_z &= -\frac{\lambda}{\pi}\sin\bar{\alpha}^*\left\{\operatorname{arc\,tg}\frac{(1+N^2)\cos^2\bar{\alpha}^*-(1-N^2)}{(1+N^2)\cos\bar{\alpha}^*\sqrt{\sin^2\bar{\alpha}^*-N^2}}\right.\\
&\quad\left. + \frac{(1+N^2)\sin^2\bar{\alpha}^*\cos\bar{\alpha}^*}{(\sin^2\bar{\alpha}^*-N^2\cos^2\bar{\alpha}^*)\sqrt{\sin^2\bar{\alpha}^*-N^2}} + \text{const}\right\}\\
&\text{mit}\quad \bar{\alpha}^* = \pi - \alpha^* = \alpha,
\end{aligned}
$$

wo $\bar{\alpha}^*$ jetzt auf das $(\bar{\xi}, \bar{\eta}, \bar{\zeta})$-Koordinatensystem bezogen ist, dessen $\bar{\xi}$-Achse der x-Achse entgegengesetzt gerichtet ist, so daß $\bar{\alpha}^* = \pi - \alpha^* = \alpha$ ist.

---

[24]) Nach (22) ist $\dfrac{(\Delta\varrho)_{\chi z}}{(\Delta\varrho)_{\chi y}} = \dfrac{\cos\beta^*}{\cos\gamma^*} = \operatorname{tg}\left(\varphi^*_0 + \dfrac{\pi}{2}\right)$.

Durch entsprechende Wahl der const derart, daß entweder $\bar{\xi}_z^*$ oder $\bar{\varrho}_z^*$ für einen bestimmten Wert von $\bar{\alpha}^*(= \pi - \alpha^* = \alpha)$, also für eine bestimmte „Strahlrichtung" der totalreflektierten Teilwelle, den Wert 0 annimmt, erhalten wir wieder für diese Strahlrichtung die „Strahlverschiebung" bzw. die Größe der „sphärischen Aberration" und als deren halben Betrag die zugehörige „scheinbare Eindringtiefe", und zwar für die jetzt betrachtete, zu $\{0, 0, \mathfrak{Z}_z^*\}$ gehörige Teilwelle als azimutunabhängig. Es ergibt sich (Abb. 9) [S. 44]

die „*Strahlverschiebung*" in der Trennungsebene beider Medien sowie in allen zu ihr parallelen Ebenen im optisch dichteren Medium zu

$$(27) \qquad + \frac{\lambda}{\pi} \frac{(1 + N^2) \sin^2 \bar{\alpha}^* \operatorname{tg} \bar{\alpha}^*}{(\sin^2 \bar{\alpha}^* - N^2 \cos^2 \bar{\alpha}^*) \sqrt{\sin^2 \bar{\alpha}^* - N^2}} \left(= - \frac{\lambda}{\pi} \frac{(1 + N^2) \sin^2 \alpha^* \operatorname{tg} \alpha^*}{(\sin^2 \alpha^* - N^2 \cos^2 \alpha^*) \sqrt{\sin^2 \alpha^* - N^2}} \right) > 0$$

vom Fußpunkt des vom strahlenden Dipol auf die Trennungsebene beider Medien gefällten Lotes *fort*, ferner

eine „*sphärische Aberration*" vom Betrage

$$(28) \qquad \begin{aligned} \Delta s_z^* &= (\xi_z^*)_{\bar{\varrho}^* = 0} - a \cos \vartheta_0^* = - (\bar{\xi}_z^*)_{\bar{\varrho}^* = 0} = \\ &+ \frac{\lambda}{\pi} \frac{(1 + N^2) \sin^2 \bar{\alpha}^*}{(\sin^2 \bar{\alpha}^* - N^2 \cos^2 \bar{\alpha}^*) \sqrt{\sin^2 \bar{\alpha}^* - N^2}} \quad \text{mit} \quad \bar{\alpha}^* = \pi - \alpha^* \end{aligned}$$

und eine „*scheinbare Eindringtiefe*" vom Betrage

$$(29) \qquad \frac{\lambda}{2\pi} \frac{(1 + N^2) \sin^2 \alpha^*}{(\sin^2 \alpha^* - N^2 \cos^2 \alpha^*) \sqrt{\sin^2 \alpha^* - N^2}}$$

Für den *speziellen Fall*, daß wir es mit einem *unendlich weit entfernten Dipol* zu tun haben oder daß der Dipol in der achsensenkrechten Brennlinienebene einer (sphärisch korrigierten) Zylinderlinse zur Brennlinie und zur Achse senkrecht liegt — anders ausgedrückt: daß wir es nur mit ebenen Wellen (verschiedener Richtung) zu tun haben, deren Wellenflächennormalen (Strahlen) senkrecht zu der der Trennebene beider Medien parallel vorausgesetzten Dipolachse, also bei dem von uns benutzten Koordinatensystem der xz-Ebene parallel sind, für die also $\mathfrak{Z}_y$ durch (5,7) S. [37] darstellbar ist, gilt für die totalreflektierte Welle nach $(5{,}6_2)$ wegen $\beta^* = \beta = \frac{\pi}{2}$, daß ihr HERTZscher Vektor gleichfalls nur eine y-Komponente besitzt, die durch die erste der beiden Gleichungen $(5{,}6_2)$ darstellbar ist, wenn wir dort

$$(30) \qquad [\cdots * \cdots] = [x_P \cos\alpha^* + z_P \sin\alpha^* - a \cos \vartheta_0^* \cos\alpha^* - a \sin \vartheta_0^* \sin\alpha^*]$$

setzen.

Für die resultierende Gestaltsfunktion der Wellenflächen der totalreflektierten Gesamtwelle erhalten wir dann:

$$(31) \qquad g_y^*(\alpha^*) = a \cos\vartheta_0^* \cos\alpha^* + a \sin\vartheta_0^* \sin\alpha^* - \frac{\lambda}{\pi} \operatorname{arc\,tg} \frac{\sqrt{\sin^2\alpha^* - N^2}}{\cos\alpha^*},$$

so daß, da: $\dfrac{\partial g_y^*}{\partial \cos\beta^*} = 0$ wegen $\beta^* = \dfrac{\pi}{2} = \text{const}$ und

$$\frac{\partial g_y^*}{\partial \cos\gamma^*} = \frac{\partial g_y^*}{\partial \sin\alpha^*} = - a \cos\vartheta_0^* \operatorname{tg}\alpha^* + a \sin\vartheta_0^* - \frac{\lambda}{\pi} \frac{\operatorname{tg}\alpha^*}{\sqrt{\sin^2\alpha^* - N^2}}$$

ist, die Gleichungen der Wellenflächen des totalreflektierten Strahlenbündels in diesem *Spezialfall* lauten

$$(32) \qquad \begin{aligned} \xi_y^* &= a \cos\vartheta_0^* - \frac{\lambda}{\pi} \left[\operatorname{arc\,tg} \frac{\sqrt{\sin^2\alpha^* - N^2}}{\cos\alpha^*} - \frac{\sin\alpha^* \operatorname{tg}\alpha^*}{\sqrt{\sin^2\alpha^* - N^2}} + \text{const} \right] \cos\alpha^* \\ \zeta_y^* &= a \sin\vartheta_0^* - \frac{\lambda}{\pi} \left[\operatorname{arc\,tg} \frac{\sqrt{\sin^2\alpha^* - N^2}}{\cos\alpha^*} + \frac{\cos\alpha^*}{\sqrt{\sin^2\alpha^* - N^2}} + \text{const} \right] \sin\alpha^* \end{aligned}$$

Hieraus folgt wie oben, indem wir die const einmal so wählen, daß für einen bestimmten α^*-Wert $\xi_y^* = 0$ wird, ein zweites Mal so, daß für einen bestimmten α^*-Wert $\zeta_y^* = a \sin \vartheta_0^*$ wird, daß der Strahl der Richtung α^*

1. die Trennebene beider Medien im Punkte

(33) $$\xi_y^* = 0, \quad (\zeta_y^*)_{\xi_y^* = 0} = a \sin \vartheta_0^* - a \cos \vartheta_0^* \operatorname{tg} \alpha - \frac{\lambda}{\pi} \frac{1}{\sqrt{\sin^2 \alpha^* - N^2}}$$

und 2. die Verlängerung des vom strahlenden Dipol auf die Trennfläche gefällten Lotes im Punkte

(34) $$\zeta_y^* = a \sin \vartheta_0^*; \quad (\xi_y^*)_0 = a \cos \vartheta_0^* + \frac{\lambda}{\pi} \frac{1}{\sqrt{\sin^2 \alpha^* - N^2}} \quad \text{, trifft.}$$

Die „Strahlverschiebung" in der Trennebene beider Medien hat hier also den Betrag

(35) $$-\frac{\lambda}{\pi} \frac{\operatorname{tg} \alpha^*}{\sqrt{\sin^2 \alpha^* - N^2}} \quad (> 0 \quad \text{wegen} \quad \alpha^* = \pi - \alpha)$$

vom Fußpunkt des vom strahlenden Dipol auf die Trennfläche beider Medien gefällten Lotes *weg*, während die „sphärische Aberration" den Betrag

(36) $$(\Delta s_y^*)_{\beta^* = \frac{\pi}{2}} = \frac{\lambda}{\pi} \frac{1}{\sqrt{\sin^2 \alpha^* - N^2}}$$

hat und die „scheinbare Eindringtiefe" die Größe

(37) $$\frac{\lambda}{2\pi} \frac{1}{\sqrt{\sin^2 \alpha^* - N^2}}$$

besitzt.

Bei Aufspaltung der totalreflektierten Gesamtwelle in ideal reflektierte Kugelwelle und Zusatzwelle, die sich natürlich auch hier vornehmen läßt, erhalten wir sowohl für die Zusatzwelle $\mathfrak{Z}_y^*$ als auch für die Zusatzwelle $\mathfrak{Z}_y^{**}$ für sphärische Aberration, Strahlverschiebung und scheinbare Eindringtiefe halb so große Beträge wie für die totalreflektierte Gesamtwelle, also nur die Hälfte der in (36), (35), (37) angegebenen Werte.

Abb. 9 (S. 44) zeigt auch die Abhängigkeit der Strahlverschiebung und der scheinbaren Eindringtiefe für die Zusatzwellen bei *diesem* Spezialfall, bei dem nur $\mathfrak{E}$-Werte $\perp$ zur Einfallsebene der einzelnen Strahlen auftreten, und zwar wieder unter Zugrundelegung des Wertes $N = 0{,}6579 = \frac{1}{1{,}52}$.

Stellen wir zum Schluß noch einmal die Ergebnisse zusammen (vgl. hierzu Abb. 9), so können wir uns dabei auf die Angaben der „sphärischen Aberration" beschränken, da die „scheinbare Eindringtiefe" $= \frac{1}{2} \cdot$ sphärische Aberration und die „Strahlverschiebung" $= -\operatorname{tg} \alpha^* \cdot$ sphärische Aberration ist.

Bei $\mathfrak{Z} = \mathfrak{Z}_x$ ergab sich

$$\Delta s^* = \frac{\lambda}{\pi} \frac{N^2}{(\sin^2 \alpha^* - N^2 \cos^2 \alpha^*) \sqrt{\sin^2 \alpha^* - N^2}} \qquad (2{,}11_1;\ \text{S. } 23)$$

$$\Delta s_Z^* = \Delta s_Z^{**} = \frac{1}{2} \Delta s^* \qquad (2{,}4_1;\ \text{S. } 19)$$

Bei $\mathfrak{Z} \equiv \mathfrak{Z}_y$ ergab sich

$$\Delta s_z^* = \frac{\lambda}{\pi} \, \frac{(1 + N^2)\sin^2\alpha^*}{(\sin^2\alpha^* - N^2\cos^2\alpha^*)\sqrt{\sin^2\alpha^* - N^2}} \qquad (6{,}28;\ \text{S. } 50)$$

$$\Delta s_{y\,y}^* = \frac{\lambda}{\pi} \, \frac{2\,N^2}{(\sin^2\alpha^* - N^2\cos^2\alpha^*)\sqrt{\sin^2\alpha^* - N^2}} \qquad (6{,}10;\ \text{S. } 43)$$

$$\Delta s_{y\,z}^* = \frac{\lambda}{\pi} \, \frac{2}{\sqrt{\sin^2\alpha^* - N^2}} \qquad (6{,}11;\ \text{S. } 43)$$

$$\left[\text{so daß}\quad \Delta s_z^* = \frac{1}{2}(\Delta s_{y\,y}^* + \Delta s_{y\,z}^*)\ \text{ist}\right]$$

$$\Delta s_{y\chi}^* = \frac{\lambda}{\pi}\sin^2\Delta_{y\chi}\,\frac{(1 - N^2)^2\sin^2\alpha^*}{\sqrt{\sin^2\alpha^* - N^2}}\cdot$$

$$\cdot\left[\frac{1}{2\cos^2\alpha^*(\sin^2\alpha^* - N^2)\cos^2\gamma^*} - \frac{(1 + N^2)\sin^2\chi}{N^2(\sin^2\alpha^* - N^2\cos^2\alpha^*)}\right]\cos^2\chi, \qquad (6{,}22;\ \text{S. } 47)$$

wobei $\Delta s_{y\chi}^*$ indessen nur „cum grano salis" als „sphärische Aberration" der Strahlen bezeichnet werden kann, die in einer gegen die xy-Ebene sowie gegen die xz-Ebene *geneigten* Ebene verlaufen und durch einen Winkel χ nach (5,12) charakterisiert sind.

Es sei abschließend noch erwähnt, daß es durchaus sinnvoll ist, die beiden zu $\{0,\ \mathfrak{Z}_y^*,\ 0\}$ und $\{0,\ 0,\ \mathfrak{Z}_z^*\}$ gehörigen Teilwellen, die sich durch Totalreflexion aus der zu einem strahlenden Dipol $\{0,\ \mathfrak{Z}_y,\ 0\}$ gehörigen Kugelwelle ergeben, theoretisch getrennt zu untersuchen, obwohl sie sich gegenseitig überlagern, falls man durch entsprechende optische Hilfsmittel (NICOLsches Prisma o. ä.), eingeschaltet im reflektierten Anteil, erreichen kann, daß der eine der beiden Anteile ausgeschaltet und nur der andere allein beobachtet und untersucht werden kann, ebenso wie durch entsprechende Hilfsmittel erreicht werden kann, daß die einfallende Strahlung entweder einem Dipol $\{0,\ \mathfrak{Z}_y,\ 0\}$ oder einem Dipol $\{\mathfrak{Z}_x,\ 0,\ 0\}$ entspricht. Ähnliches gilt für beliebige elektromagnetische Wellen (und jede andere Wellenart), für die die erforderliche Erweiterung der Formeln in § 3 — wenigstens für den Fall $\mathfrak{Z} = \{\mathfrak{Z}_x,\ 0,\ 0\}$ — kurz angedeutet wurde.

Da es indessen experimentell nicht ganz einfach sein wird, im totalreflektierten Strahlenbündel, in der totalreflektierten deformierten (elektromagnetischen) Welle die der y-Komponente $\mathfrak{Z}_y^*$ des HERTZschen Vektors zugehörige Strahlung von der zur z-Komponente $\mathfrak{Z}_z^*$ gehörigen einwandfrei zu trennen, sei nachstehend noch kurz gezeigt, daß man qualitativ die gleichen Erscheinungen findet, wenn man in der *totalreflektierten* Welle — etwa durch Zwischenschalten von Polarisationsfiltern — einmal nur die Strahlung untersucht, die senkrecht zur Schwingungsrichtung $\mathfrak{Z} = \mathfrak{Z}_\pi \equiv (0,\ \mathfrak{Z}_y,\ 0)$ des strahlenden Dipols polarisiert ist, deren elektrische Feldstärke also $\mathfrak{E}_{(1)}^* \equiv (0,\ \mathfrak{E}_y^*,\ 0)$ ist, ein zweites Mal die Strahlung, deren elektrische Feldstärke $\mathfrak{E}_{(2)}^* \equiv (0,\ 0,\ \mathfrak{E}_z^*)$ ist.

Betrachten wir demnach zunächst den ersten der vorstehend erwähnten Fälle, also $\mathfrak{E}_{(1)}^* = (0,\ \mathfrak{E}_y^*,\ 0)$. Aus (5,*) und (5,**) [S. 34] finden wir

$$\mathfrak{E}_y^* = + \frac{e^{i\omega t}}{\sqrt{\varepsilon}} \iint \left(\psi_\parallel^* \cos\alpha^* \frac{\cos\beta^*}{\sin\alpha^*}\, r_\parallel - \psi_\perp^* \frac{\cos\gamma^*}{\sin\alpha^*}\, r_\perp\right) e^{-ik[\ldots,\ldots]}\, d\Omega^*$$

$$r_\perp = e^{-2i\Delta_\perp}; \qquad r_\parallel = e^{-2i\Delta_\parallel};$$

$$\operatorname{tg}\Delta_\perp = \frac{\sqrt{\sin^2\alpha^* - N^2}}{\cos\alpha^*}; \qquad \operatorname{tg}\Delta_\parallel = \frac{\sqrt{\sin^2\alpha^* - N^2}}{N^2\cos\alpha^*};$$

$$\psi_\perp^* = + \psi\,\frac{\cos\gamma^*}{\sin\alpha^*}; \qquad \psi_\parallel^* = -\psi\,\frac{\cos\alpha^*\cos\beta^*}{\sin\alpha^*};$$

$$\mathfrak{E}_y^* = \frac{e^{i\omega t}}{\sqrt{\varepsilon}} \iint \left(-\psi \frac{\cos^2\alpha^* \cos^2\beta^*}{\sin^2\alpha^*} r_\parallel - \psi \frac{\cos^2\gamma^*}{\sin^2\alpha^*} r_\perp\right) e^{-ik[\cdots]} d\Omega^*$$

$$= -\frac{e^{i\omega t}}{\sqrt{\varepsilon}} \iint \psi \frac{1}{\sin^2\alpha^*} \underbrace{(\cos^2\alpha^* \cos^2\beta^* e^{-2i\Delta_\parallel} + \cos^2\gamma^* e^{-2i\Delta_\perp})}_{A_y e^{i\bar{\Delta}_y}} e^{-ik[\cdots]} d\Omega^*.$$

Für den vorstehend durch $A_y e^{i\bar{\Delta}_y}$ bezeichneten Ausdruck findet man nach einigen Umformungen

$$A_y^2 = (\cos^2\alpha^* \cos^2\beta^* + \cos^2\gamma^*)^2 - 4\cos^2\alpha^* \cos^2\beta^* \cos^2\gamma^* \sin^2(\Delta_\parallel - \Delta_\perp)$$

und

$$\operatorname{tg}\bar{\Delta}_y = \frac{-2\cos\alpha^* \sqrt{\sin^2\alpha^* - N^2}\,[N^2\cos^2\alpha^*\cos^2\beta^* + \cos^2\gamma^*(1-(1+N^2)\cos^2\alpha^*)]}{\cos^2\alpha^*\cos^2\beta^*[(N^4+1)\cos^2\alpha^* - (1-N^2)] + \cos^2\gamma^*[1-(1+N^2)\cos^2\alpha^*][2\cos^2\alpha^* - (1-N^2)]},$$

ein Ausdruck, der für $\gamma = \gamma^* = \frac{\pi}{2}$ übergeht in

$$\operatorname{tg}(\bar{\Delta}_y)_{\gamma^*=\frac{\pi}{2}} = \frac{2N^2\cos\alpha^*\sqrt{\sin^2\alpha^* - N^2}}{(1-N^2) - \cos^2\alpha^*(N^4+1)} \; (= \operatorname{tg}\bar{\Delta}_{yy} = -\operatorname{tg}\Delta_{yy}) \qquad \text{[s. (5,10) S. 38]}$$

und für $\beta = \beta^* = \frac{\pi}{2}$ übergeht in

$$\operatorname{tg}(\bar{\Delta}_y)_{\beta^*=\frac{\pi}{2}} = \frac{2\cos\alpha^*\sqrt{\sin^2\alpha^* - N^2}}{(1-N^2) - 2\cos^2\alpha^*} \; (= \operatorname{tg}\bar{\Delta}_{yz} = -\operatorname{tg}\Delta_{yz}) \qquad \text{[s. (5,11) S. 38]}$$

Man zeigt leicht, daß — ganz analog zu den Beziehungen (5,13) [S. 38] für $\operatorname{tg}\Delta_y$ — für $\operatorname{tg}\bar{\Delta}_y$ wieder gilt

$$\frac{\sin^2\bar{\chi}}{\operatorname{tg}\bar{\Delta}_{yy}} + \frac{\cos^2\bar{\chi}}{\operatorname{tg}\bar{\Delta}_{yz}} = \frac{1}{\operatorname{tg}\bar{\Delta}_{y\bar{\chi}}}$$

mit

$$\operatorname{tg}^2\bar{\chi} = \frac{-N^2\cos^2\alpha^*\cos^2\beta^*}{\cos^2\gamma^*[(1+N^2)\cos^2\alpha^* - 1)]}.$$

Wir sehen also, daß für $\mathfrak{E}_{(1)}^* \equiv (0,\ \mathfrak{E}_y^*,\ 0)$ die Verhältnisse bezüglich $\operatorname{tg}\bar{\Delta}_y$ wieder *nicht symmetrisch* mit Bezug auf das vom strahlenden Dipol auf die Trennfläche gefällte Lot sind, sondern daß $\operatorname{tg}\bar{\Delta}_y$ mit Bezug auf den Fußpunkt dieses Lotes azimutabhängig ist, wie dies auch oben (5,10 und 5,11 [S. 38]) bezüglich $\mathfrak{Z}^* = (0,\ \mathfrak{Z}_y^*,\ 0)$ für $\operatorname{tg}\Delta_y$ der Fall war, so daß man auch bei Beobachtung von $\mathfrak{E}_{(1)}^* = (0,\ \mathfrak{E}_y^*,\ 0)$ wieder neben einer (außer vom Einfallswinkel α auch vom Azimut) abhängenden Strahlversetzung *in* der Einfallsebene des jeweiligen Strahles eine Strahlversetzung senkrecht zu jener Einfallsebene finden wird, das zugehörige totalreflektierte Strahlenbündel also einen (axialen) Astigmatismus aufweist, der *qualitativ* dem bei $\mathfrak{Z}^* = (0,\ \mathfrak{Z}_y^*,\ 0)$ gefundenen entspricht, quantitativ aber etwas von ihm abweichen wird. Wir wollen indessen davon absehen, die zur quantitativen Berechnung erforderlichen Formeln gesondert für $\mathfrak{E}_{(1)}^* = (0,\ \mathfrak{E}_y^*,\ 0)$ abzuleiten, da die Ableitung ja in genau gleicher Weise wie oben (S. 46—48) für $\mathfrak{Z}^* = (0,\ \mathfrak{Z}_y^*,\ 0)$ zu erfolgen hat.

Wohl aber betrachten wir noch kurz die Verhältnisse, wie man sie findet, wenn man allein $\mathfrak{E}_{(2)}^* = (0,\ 0,\ \mathfrak{E}_z^*)$ beobachtet. Aus (5,*) und (5,**) [S. 34] finden wir

$$\mathfrak{E}_z^* = \frac{e^{i\omega t}}{\sqrt{\varepsilon}} \iint \left(\psi_\parallel^* \cos\alpha^* \frac{\cos\gamma^*}{\sin\alpha^*} r_\parallel + \psi_\perp^* \frac{\cos\beta^*}{\sin\alpha^*} r_\perp\right) e^{-ik[\cdots]} d\Omega^*$$

$$= \frac{e^{i\omega t}}{\sqrt{\varepsilon}} \iint \left(-\psi \frac{\cos^2\alpha^* \cos\beta^* \cos\gamma^*}{\sin^2\alpha^*} r_\parallel + \psi \frac{\cos\beta^* \cos\gamma^*}{\sin^2\alpha^*} r_\perp\right) e^{-ik[\cdots]} d\Omega^*$$

$$= -\frac{e^{i\omega t}}{\sqrt{\varepsilon}} \iint \psi \frac{\cos\beta^* \cos\gamma^*}{\sin^2\alpha^*} (r_\parallel \cos^2\alpha^* - r_\perp) e^{-ik[\cdots]} d\Omega^*$$

$$= -\frac{e^{i\omega t}}{\sqrt{\varepsilon}} \iint \psi \frac{\cos\beta^* \cos\gamma^*}{\sin^2\alpha^*} \underbrace{(\cos^2\alpha^* e^{-2i\Delta_\parallel} - e^{-2i\Delta_\perp})}_{A_z e^{i\bar{\Delta}_z}} e^{-ik[\cdots]} d\Omega^*.$$

Für den vorstehend durch $A_z e^{i\bar{\Delta}_z}$ bezeichneten Ausdruck findet man

$$A_z^2 = \sin^4\alpha^* + 4\cos^2\alpha^* \sin^2(\Delta_\| - \Delta_\perp)$$

und

$$\operatorname{tg}\bar{\Delta}_z = \frac{-2\cos\alpha^* \sqrt{\sin^2\alpha^* - N^2}\,[\sin^2\alpha^* + 2N^2\cos^2\alpha^*]}{(N^4+1)\cos^2\alpha^*(1+\cos^2\alpha^*) - (1-N^2)(\sin^2\alpha^* + 2\cos^4\alpha^*)}.$$

Der Ausdruck für $\operatorname{tg}\bar{\Delta}_z$ ist nur von α^*, d. h. also: nur von der Größe des Einfallswinkels α der Strahlen abhängig, vom Azimut des einfallenden Strahles aber unabhängig, wie sich dies auch oben für $\mathfrak{Z}^* = (0, 0, \mathfrak{Z}_z^*)$ ergab, so daß wir es hier nur mit einer Strahlversetzung *in* der Einfallsebene des betreffenden Strahles (und der zugehörigen „sphärischen Aberration“ sowie der zugehörigen scheinbaren „Eindringtiefe“) zu tun haben, die allein von der Größe des Einfallswinkels abhängig ist.

Neben den vorstehend genannten Komponenten $\mathfrak{E}_y^* = {}_\perp\mathfrak{E}_y^* + {}_\|\mathfrak{E}_y^*$ und $\mathfrak{E}_z^* = {}_\perp\mathfrak{E}_z^* + {}_\|\mathfrak{E}_z^*$ haben wir in (5,*) [S. 34] noch ${}_\perp\mathfrak{E}_x^* = 0$ und in (5,**) noch ${}_\|\mathfrak{E}_x^* \neq 0$. Für $\mathfrak{E}_{(3)}^* = {}_\perp\mathfrak{E}_x^* + {}_\|\mathfrak{E}_x^* = {}_\|\mathfrak{E}_x^* = (\mathfrak{E}_x^*, 0, 0)$ ergibt sich entsprechend

$$A_x^2 = \cos^2\alpha^* \cos^2\beta^*$$

Beachten wir noch, daß $\psi_\perp^* = +\psi \frac{\cos\gamma^*}{\sin\alpha^*}$ und $\psi_\|^* = -\psi \frac{\cos\alpha^* \cos\beta^*}{\sin\alpha^*}$ ist, so findet man als Summe der Amplitudenquadrate der Komponenten $\mathfrak{E}_{(1)}^*$, $\mathfrak{E}_{(2)}^*$ und $\mathfrak{E}_{(3)}^*$ wieder $\psi^2 \sin^2\beta$, entsprechend der Intensität der betreffenden Elementarwelle des einfallenden Strahlenbündels.

FSC
www.fsc.org
MIX
Papier | Fördert gute Waldnutzung
FSC® C083411

Kolibri 360 GmbH
Ferdinand-Jühlke-Straße 7
99095 Erfurt, Deutschland
produktsicherheit@kolibri360.de